建设工程施工安全管控丛书

房屋建筑工程施工安全
管控指南

超高层建筑工程篇

尹欣 / 主编

李欣　石军胜　何健　范作锋 / 副主编

中国矿业大学出版社

·徐州·

超高层建筑工程篇

主要起草人：王立军、陈明飞、李晋清、张佶、李义轩、陈航宇、谭仕超、柳波、张磊、李军、王航、陈东升、吴春燕、陈红明、焦跃、李波、裴博雅、康皓原

主要审核人：巩俊松、何青义、田慧、王勇、杨帆、张富刚

目　录

超高层建筑工程篇

近年来,国内超高层建筑发展迅猛,建筑高度不断突破天际线的同时,也逐渐填补了施工管理和安全管控的空白。我国超高层建筑数量为世界第一,各种造型和结构层出不穷,形成巍峨壮丽的城市风景线。然而,超高层建筑由于体量大、施工周期长、建造人员多、系统复杂、管控难度大等问题,存在重大安全隐患。虽然我们在建造超高层建筑前,也会大范围收集整理超高层建筑施工安全管控方面相关的资料,但目前还是缺乏系统完整的可借鉴经验。

鉴于此,我们开展编写超高层建筑安全管控指南工作,旨在总结工程安全管控经验,开创超高层建筑施工安全管控有据可循的先河。本篇从超高层建筑施工的全流程角度出发,对各个施工阶段存在的安全风险和隐患进行了辨识,并结合实际施工过程中的管理经验,描述了安全管控措施。希望本篇的收集整理,能为超高层建筑施工安全管控提供一定的经验和帮助。

一、超高层建筑工程概述

(一)超高层建筑工程简介

1. 超高层建筑定义

随着超高层建筑的快速发展,不同国家和地区根据具体情况对高层建筑的划分标准进行了调整,但大体一致,大都以建筑高度 100 m 作为一条分界线,100 m 以上的建筑称为超高层建筑。我国《民用建筑设计统一标准》(GB 50352—2019)规定:建筑高度超过 100 m 时,不论居住建筑及公共建筑均为超高层建筑。

2. 我国超高层建筑发展历程

1894 年,美国纽约曼哈顿人寿保险大厦(18 层,106 m)的落成标志着高层建筑发展进入超高层建筑阶段,之后美国的超高层建筑开始蓬勃发展,与之形成鲜明对比,亚太地区的高层建筑因为建筑技术不足而发展受限。由于历史原因,我国高层建筑经历了较长时期的缓慢发展阶段,超高层建筑的诞生则更晚。20 世纪二三十年代在上海、广州等沿海城市开始建设了一定数量的高层建筑,而中华人民共和国成立以后,我国迅速转入大规模工业建设阶段,在这一时期基本没有新建高层民用建筑。20 世纪 60 年代末、70 年代初,高层民用建筑的建设步伐加快,直到 1976 年广州白云宾馆(33 层,115.04 m)的建成,我国才进入超高层建筑迅速发展阶段。

随着我国经济的快速发展和城市化进程的持续推进,城市土地尤其是中心区土地资源供应紧张。超高层建筑在提供大量可使用面积的同时,占有的建设用地相对较少,提高了土地资源的利用效率,是应对中国城市化进程加速、城市人口膨胀、土地资源稀缺等问题的重要建筑策略之一。同时,随着改革开放的进一步深化和经济实力及建造技术的提升,超高层建筑在我国迅速发展,建筑数量、建筑高度纪录不断刷新。进入 21 世纪以来,超高层建筑的地域分布进一步拓展,除一线城市及环渤海、长三角、珠三角地区之外,很多二、三线城市也开始大量建造超高层建筑。

目前,我国已经在全世界超高层领域拥有了不可撼动的地位,近年来新建设的如中国中央电视台新台址、深圳平安金融中心大厦、上海中心大厦、天津周大福金融中心、苏州中南中心等在建筑造型、使用功能、结构体系、环保理念、设计方法、施工技术和管理模式等方面均有新的突破,居于世界前列。据不完全统计,2018 年全世界范围竣工的高度 200 m 以上的建筑有 146 座,其中我国有 92 座,占 63%,连续 23 年数量位居世界之首。截至 2021 年全球最高的 20 栋超高层建筑中,我国共有 11 栋。

至今,超高层建筑结构体系除了从传统的框架、剪力墙、框架-剪力墙、框架-核心筒、框筒结构逐步向框架-核心筒-伸臂、巨型框架、桁架支撑筒、筒中筒、束筒等结构体系转变外,还衍生出交叉网格筒、米歇尔(Michell)桁架筒以及钢板剪力墙等新型结构体系,并进化出了多种体系混合使用。传统的框架-核心筒体系一般适用于建筑高度 150~300 m 的超高层建筑,随着建筑高度的增加,超过 300 m 的超高层建筑多采用巨型结构体系,即巨型型钢混凝土柱、钢管混凝土柱、巨型伸臂桁架、带钢支撑的巨型外筒、型钢或带斜撑混凝土内筒、钢板混凝土剪力墙等的有效组合,如下表所列。

工程名称	高度/m	结构体系	巨柱形式
上海中心大厦	632	组合巨型框架＋钢筋混凝土核心筒	钢骨混凝土柱
深圳平安金融中心	599	组合桁架支撑筒＋钢筋混凝土核心筒	钢骨混凝土柱
广州东塔	530	组合巨型框架＋钢筋混凝土核心筒	钢管混凝土柱
天津周大福金融中心	530	组合巨型框架＋钢筋混凝土核心筒	钢管混凝土柱
北京中信大厦	528	巨型框架支撑外框筒＋钢板剪力墙核心筒	钢管混凝土柱
大连绿地中心	518	组合巨型框架＋钢筋混凝土核心筒	钢骨混凝土柱

3. 超高层建筑工程特点

超高层建筑具有投资大、工期长、成本高、施工难度大、建设标准高等显著特点。目前,超高层建筑的发展趋势是结构更复杂、施工速度更快、碳排放量更低、绿色节能标准更高、施工管理更科学等。超高层建筑中,通常会使用钢柱、钢梁、钢板剪力墙、环带桁架、伸臂桁架等构件,随着建筑高度的不断攀升,结构构件逐渐呈现巨型化和复杂化的趋势,其巨大的荷载、复杂的构造和超大的工程量等都为超高层建筑施工带来了巨大挑战。一座超高层建筑在建造过程中,对结构、建筑、机电、暖通、电梯等专业的要求远远高于普通建筑,在深基坑、垂直运输、模板、材料、施工平台、测量、消防技术等方面均要针对性地进行策划和过程管控,以保证超高层建筑的顺利落成。

4. 超高层建筑工程安全管控特点

由于超高层建筑的施工特点不同于其他建筑,所以在其施工安全管控方面也与一般建筑存在差异,主要表现在以下几点:

(1) 建筑高度超高,存在大量高处作业,增加了施工人员的作业难度。

(2) 超高层建筑施工过程中纵横结构协同作业多且复杂,大大增加了施工中各种安全事故的发生概率。

(3) 超高层建筑垂直方向有大量的资源运输需求,施工电梯等垂直运输设备设施多,设备设施使用过程中往往容易出现安全事故。

(4) 高空中气候条件不佳,大风、低温等不利条件普遍存在,与地面差异较大,增加了高处作业的危险性。

(5) 超高层建筑施工所涉及的参与单位比较多,施工现场各种资源流动性比较大,施工现场的项目管理过程复杂。施工作业过程涉及各种资源,存在大量的安全隐患,需要进行严格排查与治理,加大了安全管理的难度。

(6) 超高层建筑火灾扑救是世界性难题。施工过程中发生火灾等安全事故,难以救援,危害性极大。

(二) 超高层建筑结构形式分类

当今世界,钢和混凝土是超高层建筑最主要和最基本的结构材料,根据所用结构材料的不同,超高层建筑结构大致可以划分为三大类型:钢筋混凝土结构、钢结构、混合结构。

1. 钢筋混凝土结构

钢筋混凝土结构充分发挥了混凝土受压和钢筋受拉性能优良的特性,是一种应用广泛的超高层建筑结构类型。钢筋混凝土结构具有原材料来源广、钢材消耗量小、建造成本低、结构抗侧向荷载刚度大、体形适应性强、防火性能优越、施工技术和装备要求比较低等优点,但是也存在自重比较大、现场作业多、施工工期比较长的缺陷。因此钢筋混凝土结构的超高层建筑首先在工业化发展水平还比较低的发展中国家得到广泛应用。但由于其具有良好的经济性,近年来在发达国家,钢筋混凝土结构的超高层建筑也日益增加。

钢筋混凝土结构很早就传入我国,此后,受历史及国家经济发展水平所限,在很长的一段历史时期内,对高层建筑钢筋混凝土结构的研究几乎为空白,直至20世纪70年代改革开放后,城市化进程加快,钢筋混凝土结构超高层建筑的研究开始取得丰硕成果。1980年建成的香港合和中心(216 m),1985年建成的深圳国际贸易中心(160 m),1991年建成的广东国际大厦(200 m)和1997年建成的广州中信广场(391 m)均采用了钢筋混凝土结构。香港中环广场和广州中信广场还先后成为当时世界上最高的钢筋混凝土超高层建筑。

2. 钢结构

钢结构充分利用了钢材抗拉、抗压、抗弯和抗剪强度高的优良特性,具有自重轻、抗震性能好、工业化程度高、施工速度快、工期比较短等优点,但是也存在钢材消耗量大、建造成本高、结构抗侧向荷载刚度小、体形适应性弱、防火性能差、施工技术和装备要求比较高等缺陷。

超高层建筑首先是在当时工业化发展水平很高的美国得到发展的,因此早期的超高层建筑多采用钢结构,由于冶炼技术的发展和独特的材料性能,钢结构在超高层建筑的发展中长期独领风骚,世界上目前已经建成的几个纯钢结构标志性建筑曾先后成为当时最高的超高层建筑,如 1931 年建成的美国纽约帝国大厦(381 m),1973 年建成的美国纽约世界贸易中心(417 m),1974 年建成的美国芝加哥西尔斯大厦(442 m)。1985 年以前,我国国内高层建筑几乎全部为钢筋混凝土结构。如今,国内已完全具备了高层钢结构建筑物的设计、制造及安装施工能力,但总体而言,受各种因素制约,目前纯钢结构超高层建筑在我国的发展仍较为有限。

3. 混合结构

钢筋混凝土结构自重较大导致可使用楼面面积小,纯钢结构刚度偏弱导致用钢量高、结构造价昂贵。钢结构和钢筋混凝土结构各有其优缺点,二者结合可以取长补短。随着施工技术的发展,超高层建筑采用的结构材料从纯混凝土结构、钢结构向钢-混凝土混合结构转变。在超高层建筑不同部位可以采用不同的结构材料,形成混合结构,在同一个结构部位也可以用不同的结构材料形成组合构件(见下表),这些组合构件充分发挥了钢和钢筋混凝土两种材料的优势,性能优异,性价比高,因此已经广泛应用于超高层建筑工程中,如深圳地王大厦(325 m)和上海新金桥大厦(208 m)、上海恒生银行大厦(203 m)、上海世界金融大厦(189 m)、上海世贸国际广场(333 m)和上海金茂大厦(421 m)等。

类　型	特　征
组合梁	钢梁通过连接件与其上钢筋混凝土楼板组合
钢骨梁	钢筋混凝土梁内埋置型钢
钢骨柱	钢筋混凝土柱内埋置型钢
钢管混凝土柱	外部钢管内部灌注混凝土
组合墙	钢筋混凝土墙内埋置型钢
外包钢板剪力墙	外部钢板内部灌注混凝土

表（续）

类　型	特　征
组合板	压型钢板、桁架楼承板与上部钢筋混凝土现浇板组合
组合薄壳	钢板与上部钢筋混凝土板组合

二、常见风险及管控措施

（一）基坑工程施工

1. 桩基础工程

序号	风险点	风险分析	管控措施	相关图例
1	桩机施工	（1）桩机进场未验收。（2）桩架的地基不平或承载力不够。（3）桩孔未及时回填。（4）钻机相邻施工时，间距太小。（5）桩机设备移动或行走时倾覆	（1）桩机进场按照要求全面验收。（2）施工现场应按地基承载力、桩机承载力的要求进行整平压实，承载力不够的场地，必须先夯实，或者加垫基础和铺设路基。（3）施工完毕及时把桩孔回填，并将区域用红白旗进行围护，作业期间非操作人员禁止进入。（4）当桩孔净间距过小或采用多台钻机同时施工时，相邻桩应间隔施工，当无特别措施时，完成浇筑混凝土的桩与邻桩间距不应小于 4 倍桩径，或间隔施工时间大于 36 h。（5）桩机移动过程中，必须安排专人指挥，对行走路线进行确认，发现有倾斜现象，立即停止，稳定后调整位置和路线方可移动	桩机就位

序号	风险点	风险分析	管控措施	相关图例
2	灌注桩施工	（1）钻机未进行验收。 （2）场地不平整，承载力不足。 （3）钻机相邻施工时，间距太小。 （4）起吊区域未设置警示标识。 （5）浇筑完毕后桩孔位置未回填	（1）作业前应对钻机进行检查，各部件验收合格后方能使用，钻头和钻杆连接螺纹应良好，钻头焊接应牢固，不得有裂纹。 （2）钻机作业场地应平整，地基承载力满足要求，作业范围内无地下管线及其他地下障碍物，作业现场与架空输电线路的安全距离应符合规定。 （3）钻进过程中，应随时观察钻机的运转情况，当发生异响、吊索具破损、漏气、漏渣以及其他不正常情况时，应立即停机检查，排除故障后方可继续施工。 （4）当桩孔净间距过小或采用多台钻机同时施工时，相邻桩应间隔施工，当无特别措施时，完成浇筑混凝土的桩与邻桩间距不应小于 4 倍桩径，或间隔施工时间大于 36 h。 （5）发生斜孔、塌孔或沿护筒周围冒浆以及地面沉陷等情况时，应停止钻进，采取措施处理后方可继续施工。 （6）当采用空气吸泥时，其喷浆口应遮挡，并应固定管端。 （7）冲击成孔施工前以及过程中应检查钢丝绳、卡扣及转向装置，冲击施工时应控制钢丝绳放松量。 （8）桩机施工及起吊区域设置警戒区域。 （9）混凝土浇筑完毕后，应及时在桩孔位置回填土方或加盖盖板	 旋挖桩机施工  冲孔桩机施工

序号	风险点	风险分析	管控措施	相关图例
3	水泥搅拌桩施工	（1）搅拌桩机未进行验收。 （2）场地不平整，承载力不足。 （3）搅拌桩机未定期进行检修、养护。 （4）登高作业未系安全带。 （5）机械连接件松动。 （6）桩机施工周围未设置警戒区域	（1）搅拌桩机进场验收，安装、拆卸应按照出厂说明书规定程序进行。 （2）搅拌桩机的安装场地应平坦坚实，当地基达不到规定的承载力时，应采取措施对地基进行处理。遇有河塘、洼地时，应抽水和清淤，并用素土回填夯实。 （3）搅拌桩机按要求就位后，应进行一次全面的施工前安全检查。检查内容有：用电安全，桩架的稳定性，操作部位的性能，导向部件的稳固程度等，确保安全、符合要求后方可准予施工。 （4）机组人员登高检查或维修时，必须系安全带，做到高挂低用，不穿硬底、带钉或易滑鞋进行高处作业；工具和其他物件应放在工具包内，高空人员不得向下随意抛物。 （5）机械连接件应紧固牢靠，无松动和开焊、润滑良好。每天开机前，机长、班长要对机械的安全性进行检查，性能良好方可施工。 （6）搅拌桩机运行过程中，其下部严禁站立非工作人员；搅拌桩机移动过程中非工作人员不得在其周围活动，移动路线上不应有障碍物和高压线路。 （7）每天下班后，应有专人负责关闭、切断电源	 搅拌桩机

表（续）

序号	风险点	风险分析	管控措施	相关图例
4	高压旋喷桩施工	（1）机械进场未进行验收。 （2）高压胶管超过压力范围值。 （3）钻机作业过程中遇卡钻，强行启动作业。 （4）击穿管线	（1）桩机进场应进行验收。对高压泥浆泵要全面检查和清洗干净，防止泵体内存在残渣和铁屑；各密封圈应完整无泄漏，安全阀中的安全销要进行试压检验，确保能在超过允许压力时断销卸压；压力表应定期检查，保证正常使用，一旦发生故障，要停泵停机排除故障。 （2）高压胶管不能超过压力范围使用，使用时屈弯应不小于规定的弯曲半径，防止高压管爆裂伤人。 （3）高压旋喷浆液应过滤，使颗粒不大于喷嘴直径；高压泥浆泵必须有安全装置，当超过允许泵压后，应能自动停止工作；因故需较长时间中断旋喷时，应及时用清水冲洗浆液输送系统，以防硬化的浆液沉淀在管路内。 （4）钻机作业时，电缆应有专人负责收放；如遇停电，应将各控制器放置零位，切断电源；如遇卡钻，应立即切断电源，停止下钻，未查明原因前，不得强行启动；严禁用手清除钻杆上的泥土；发现紧固螺栓松动时，应立即停机重新紧固后方可继续作业。 （5）作业后应先清除钻杆上的泥土，再将钻头下降接触地面，制动住各部件，操纵杆放到空挡位置，切断电源，清理打扫完现场后方可离开。 （6）遇到6级以上大风，钻杆要下钻2 m进行加固。 （7）旋喷桩施工可能击穿的管线区域必须采取措施，防止水泥浆进入管道，造成堵塞	 高压旋喷桩机

表（续）

序号	风险点	风险分析	管控措施	相关图例
5	钢板桩施工	（1）钢板桩堆积过高。 （2）桩机组装完毕未进行监测确认。 （3）吊装、吊锤回转同时进行。 （4）打桩机作业时，操作人员离岗。 （5）采用振动桩锤作业时，起重机的吊钩上未有防松脱的保护装置。 （6）插桩过程中桩发生倾斜。 （7）钢板桩悬空作业未设置安全绳，未配备安全带。 （8）检修时桩锤未落下	（1）钢板桩堆放场地应平整坚实，钢板桩堆高不超过3层。钢板桩施工作业区内应无高压线路，作业区应有明显标志。桩锤在施打过程中，监视距离不小于5 m。 （2）桩机设备组装时，应对各紧固件进行检查，在紧固件未拧紧前不得进行配重安装。组装完毕后，应对整机进行试运转，确认各传动机构、齿轮箱、防护罩等良好，各部件连接牢靠（采用打桩机时）。 （3）严禁吊桩、吊锤回转或行走等动作同时进行。 （4）打桩机在吊有桩和锤的情况下，操作人员不得离开岗位。 （5）当采用振动桩锤作业时，悬挂振动桩锤的起重机，其吊钩上必须有防松脱的保护装置，振动桩锤悬挂钢架的耳环上应加装保险钢丝绳。 （6）插桩过程中，应及时校正桩的垂直度。后续桩与先打桩间的钢板桩锁扣使用前应进行套锁检查。当桩入土3 m以上时，严禁用打桩机行走或回转动作来纠正桩的垂直度。 （7）钢板桩临边高处作业必须设置安全绳，佩带安全带。 （8）检修时不得悬吊桩锤。 （9）作业后应将打桩机停放在坚实平整的地面上，将桩锤落下垫实，并应切断动力电源	 钢板桩施工现场

表(续)

序号	风险点	风险分析	管控措施	相关图例
6	型钢水泥土搅拌墙	(1) 搅拌桩机未进行验收。 (2) 场地不平整,承载力不足。 (3) 作业区域上下交叉作业。 (4) 多次重复起吊型钢并松钩插入	(1) 搅拌桩机进场验收,堆放场地应平整坚实、场地无积水,地基承载力应满足堆放要求。 (2) 施工现场应先进行场地平整,清除搅拌桩施工区域的表层硬物和地下障碍物。现场道路的承载能力应满足桩机和起重机平稳行走的要求。 (3) 型钢吊装过程中,型钢不得拖地;起重机械回转半径内不应有障碍物,施工区域、吊臂下严禁有人。 (4) 型钢应依靠自重插入,当自重插入有困难时可采取辅助措施。严禁采用多次重复起吊型钢并松钩下落的插入方法	 型钢定位示意图
7	土钉墙施工	(1) 未按方案进行施工。	(1) 分层开挖厚度应与土钉竖向间距协调同步,逐层开挖并施工土钉,严禁超挖。 (2) 开挖后应及时封闭临空面,完成土钉墙支护;在易产生局部失稳的土层中,土钉上下排距较大时,宜将开挖分为两层并应控制开挖分层厚度,及时喷射底层混凝土。 (3) 上一层土钉墙施工完成后,应按设计要求或间隔不小于48 h后开挖下一层土方。 (4) 施工期间坡顶应按设计规定的超载值控制施工荷载。 (5) 严禁土方开挖设备碰撞上部已施工土钉,严禁振动源振动土钉侧壁。	 土钉及挂网施工

序号	风险点	风险分析	管控措施	相关图例
7	土钉墙施工	（2）操作人员未佩戴劳动防护用品。 （3）喷射混凝土作业时输料管路发生泄漏未处理	（6）作业人员应佩戴防尘口罩、防护眼镜等防护用具，并应避免直接接触液体速凝剂，接触后应立即用清水冲洗；非施工人员不得进入喷射混凝土的作业区，施工中喷嘴前严禁站人。 （7）喷射混凝土施工中应检查输料管、接头的情况，当有磨损、击穿或松脱时应及时处理。 （8）喷射混凝土作业时如发生输料管路堵塞或爆裂，必须依次停止投料、送水和供风	 喷射混凝土
8	地下连续墙施工	（1）未按方案进行施工。 （2）保护设施不全，监管人员离岗。 （3）钢筋笼吊运、挂钩不满足规范要求。	（1）地下连续墙成槽前应设置钢筋混凝土导墙及施工道路。导墙养护期间，重型机械设备不应在导墙附近作业或停留。 （2）地下连续墙成槽前应进行槽壁稳定性验算。 （3）地下连续墙单元槽段成槽施工宜采用跳幅间隔的施工顺序。 （4）在保护设施不齐全、监管人不到位的情况下，严禁人员下槽、孔内清理障碍物。 （5）吊装所选用的吊车应满足吊装高度及起重量的要求，主吊和副吊应根据计算确定。钢筋笼吊点布置应根据吊装工艺通过计算确定，并应进行整体起吊安全验算，按计算结果配置吊具、吊点加固钢筋、吊筋等。 （6）吊装前必须对钢筋笼进行全面检查，防止有剩余的钢筋断头、焊接接头等遗留在钢筋笼上。	 钢筋混凝土导墙

表(续)

序号	风险点	风险分析	管控措施	相关图例
8	地下连续墙施工	(4)大型钢筋笼抬吊受力不均衡。 (5)机械设备未定期检验和维护。 (6)起重机工作时,吊臂下站人	(7)采用双机抬吊作业时,应统一指挥,动作应配合协调,载荷应分配合理。 (8)起重机械起吊钢筋笼时应先稍离地面试吊,确认钢筋笼已挂牢,钢筋笼刚度、焊接强度等满足要求时,再继续起吊。 (9)起重机械在吊钢筋笼行走时,载荷不得超过允许起重量的70%,钢筋笼离地不得大于500 mm,并应拴好拉绳,缓慢行驶。 (10)起重机械及吊装机具进场前应进行检验,施工前应进行调试,施工中应定期检验和维护。 (11)成槽机、履带吊应在平坦坚实的路面上作业、行走和停放。外露传动系统应有防护罩,转盘方向轴应设有安全警告牌。成槽机、起重机工作时,回转半径内不应有障碍物,吊臂下严禁站人	 钢筋混凝土导墙及施工道路示意图
9	锚索施工	(1)未按方案进行施工。 (2)操作人员未佩戴劳动防护用品。	(1)锚孔钻进作业时,应保持钻机及作业平台稳定可靠,除钻机操作人员还应有不少于一人协助作业。高处作业时,作业平台应设置封闭防护设施,作业人员应佩戴防护用品。注浆施工时相关操作人员必须佩戴防护眼镜。	 锚索施工现场

序号	风险点	风险分析	管控措施	相关图例
9	锚索施工	（3）锚杆钻机未安设反力装置。 （4）注浆罐内的浆料全部放空。 （5）张拉过程中违规操作。 （6）作业区域未设置警示标识	（2）锚杆钻机应安设安全可靠的反力装置。在有地下承压水地层钻进时，孔口必须设置可靠的防喷装置，当发生漏水、涌砂时，应及时封闭孔口。 （3）注浆管路连接应牢固可靠，保证畅通，防止塞泵、塞管。注浆施工过程中，应在现场加强巡视，对注浆管路应采取保护措施。 （4）锚索注浆时注浆罐内应保持一定数量的浆料防止罐体放空、伤人。处理管路堵塞前，应消除罐内压力。 （5）张拉作业前应检查高压油泵与千斤顶之间的连接件，连接件必须完好、紧固。张拉设备应可靠，作业前必须在张拉端设置有效的防护措施。锚索钢绞线应连接牢固，严禁在张拉时发生脱扣现象。 （6）张拉过程中，孔口前方严禁站人，操作人员应站在千斤顶侧面操作。 （7）张拉施工时，其下方严禁进行其他操作；严禁采用敲击方法调整施力装置，不得在锚杆端部悬挂重物或碰撞锚具。 （8）锚杆试验时，计量仪表连接必须牢固可靠，前方和下方严禁站人，并应设置警戒区	 锚索预张拉

表(续)

序号	风险点	风险分析	管控措施	相关图例
10	吊装作业	(1)指吊人员未持证上岗,未正确佩戴劳动防护用品,无明显标识表明身份。 (2)指挥混乱、指令信号不清晰。 (3)吊装区域无警戒线或警示标识。 (4)未严格执行吊装作业"十不吊"规定	(1)指吊人员应持证上岗,穿戴劳动防护用品,指挥明确。 (2)吊装工作应指令明确清晰,并设警戒区域,与吊装无关人员严禁入内。起重机工作时,起重臂杆旋转半径范围内,严禁站人或通过。 (3)运输、吊装构件时,严禁在被运输、吊装的构件上站人指挥和放置材料、工具。 (4)高空往地面运输物件时,应用绳捆好吊下。吊装时,必须用吊笼或钢丝绳、保险绳捆扎牢固后才能吊运和传递,不得随意抛掷材料物体、工具,防止滑脱伤人或意外事故。 (5)构件必须绑扎牢固,起吊点应通过构件的重心位置,吊升时应平稳,避免振动或摆动。 (6)起吊构件时,速度不应太快,不得在高空停留过久,严禁猛升猛降,以防构件脱落。 (7)严禁站在把杆下或起吊下风处。 (8)起吊前仔细检查吊具、钢丝绳的完好情况,对于吊具的检查重点是对滑轮及钢丝绳质量的检查,如发现钢丝绳有小股钢丝断裂或滑轮有裂纹现象,不得使用。 (9)起吊前必须清除钢筋笼内的杂物,避免在起吊钢筋笼过程中发生高空坠物。 (10)钢筋笼在吊装前应进行试吊,符合安全要求后方可正式进行吊装作业。 (11)起吊必须服从起重工的指挥,确保钢筋笼平稳、安全起吊	 吊装作业区域警戒防护

2. 基坑支护工程

序号	风险点	风险分析	管控措施	相关图例
1	栈桥或基坑坡顶临边防护	（1）未设置栈桥临边反坎，存在车辆坠落风险。 （2）栈桥或基坑坡顶缺少临时防护、防护不到位。 （3）作业人员高空临边作业未正确系挂安全带	（1）施工中为了有效防止坠落和物体打击事件发生，在栈桥与坡道两边设置 50 cm 的反坎。 （2）基坑、栈桥临边及预留洞口必须设置栏杆或盖板。 （3）因作业需要，临时拆除或变动安全防护设施时，须经过施工负责人同意，并采取相应的可靠措施，作业后立即恢复。 （4）基坑内的施工栈桥、坡道、楼梯应有防滑措施，雨雪天气应安排专人清扫。 （5）基坑顶临边作业必须系挂安全带	 基坑安全防护
2	坑边荷载	（1）近坑槽边缘大量堆土或堆置钢筋和其他临时工程器材。 （2）在靠近坑槽边缘行驶重载车辆或放置大型机械	（1）弃土应及时运出，如需要临时堆土或留作回填土，堆土坡脚至坑边距离应按挖坑深度、边坡坡度和土的类别确定，在边坡支护设计时考虑堆土附加的侧压力。 （2）基坑周围禁止存放大量钢筋及其他工程器材。 （3）重载车辆靠近坑边，应保持一定的安全距离，汽车停放距离不小于 3 m，吊车不小于 4 m	 基坑的坑槽边缘禁止重载

表（续）

序号	风险点	风险分析	管控措施	相关图例
3	上下通道及支撑梁	（1）基坑上下通道不规范。 （2）支撑梁的通道、监测点以及材料吊装点未设置防护栏杆	（1）基坑作业时必须设置专供作业人员上下的通道，且每个作业面不少于两个，作业人员不得攀爬临时设施。 （2）通道的设置，在结构上必须牢固可靠，采用定型化、标准化设施，数量、位置上应符合有关安全要求。 （3）在监测点、吊装点及人员通行区域的支撑梁上，全部设置防护栏杆，保持通道畅通。 （4）上下通道、防护栏杆必须验收合格后方可投入使用	 基坑作业人员安全通道
4	土方开挖、运输	（1）未按方案进行施工，支护与土层开挖不配套。 （2）在临近建筑和墙体基础开挖时，没有可靠的安全保障措施。 （3）在挖掘作业中任意拆除支护构件或者移动其位置。 （4）在出现土体开裂等边坡状态不稳的情况下，冒险作业。 （5）违章运输	（1）土方开挖施工按照方案执行，对相邻建筑物严格按照方案做好保护措施，工序的管理以及组织力度进行过程跟踪控制。 （2）人工挖基坑时，操作工之间要保持安全距离，一般大于2.5 m；多台机械挖土，挖土机间距应大于10 m，挖土要自上而下逐层进行，严禁先挖坡脚的危险作业。 （3）机械挖土，应严格控制开挖面坡度和分层厚度，防止边坡和挖土机下的土体滑动，不得随意拆除相应的防护措施。挖土机作业半径内不得有人进入，司机必须持证作业。 （4）挖土方前后对周围环境要认真检查，发现土体开裂、边坡失稳的情况，立即采取措施，不能在危险的障碍物下面作业。 （5）为防止基坑底的土被扰动，基坑挖好后要尽量减少暴露时间，及时进行下一道工序的施工。 （6）运输作业安排专人管理，组织有序，不得违反交通规则，车辆全面清洗上路，杜绝噪声扰民	 分层开挖

表（续）

序号	风险点	风险分析	管控措施	相关图例
5	支撑梁施工	（1）在支撑梁上堆放过多的材料。 （2）在基坑开挖过程中未实施监测措施。 （3）吊装时未设置警戒标识。 （4）吊装移动过快	（1）支撑体系上不得堆放材料或运行施工机械（利用支撑结构兼做施工平台或栈桥除外）。 （2）基坑开挖过程中应对基坑开挖形成的立柱进行监测，并应根据监测数据调整施工方案。 （3）起吊钢支撑应先进行试吊，检查起重机的稳定性、制动的可靠性、钢支撑的平衡性、绑扎的牢固性，确认无误后方可起吊，当起重机出现倾覆迹象时，应快速使钢支撑落回基座。 （4）钢支撑吊装就位时，吊车及钢支撑下方严禁人员入内，现场应做好防下坠措施。 （5）钢支撑吊装过程中应缓慢移动，操作人员应监视周围环境，避免钢支撑刮碰坑壁、冠梁、腰梁、上部钢支撑等	 支撑梁上严禁堆载
6	排水措施	（1）坑底积水，导致坑底土体变软。 （2）积水过多不利于土方开挖及土建施工作业	（1）及时将基坑内的积水、地下水排出，防止桩身长期浸泡在水里，导致土体的流动性增大、变软。当遇到恶劣天气时基坑内积水过多要用水泵抽水，对周围地下水要设置阻隔措施。 （2）土方开挖与底板施工期间，基坑周边及地面应设排水沟，以利雨后迅速恢复施工	 地面排水沟

序号	风险点	风险分析	管控措施	相关图例
7	施工机械	（1）机械操作人员无证或证件与驾驶机械不符。 （2）施工环境恶劣，机械老化。 （3）施工机械保养不及时。 （4）机械设备在施工现场随意停放。 （5）违规操作机械设备	（1）各种机械操作人员和车辆驾驶员，必须取得操作合格证，不得操作与操作证不相符的机械，不得将机械设备交给无操作证的人员操作，对机械操作人员要建立档案，专人管理。 （2）操作人员必须按照机械说明书规定，严格执行工作前的检查制度和工作中注意观察及工作后的检查保养制度。 （3）驾驶室或操作室须保持整洁，严禁存放易燃、易爆物品，严禁酒后操作机械，严禁机械带病运转或超负荷运转。 （4）机械设备在施工现场停放时，须选择安全的停放地点，夜间要有专人看管。 （5）用手柄起动的机械须注意手柄倒转伤人；向机械加油时要严禁烟火。 （6）严禁对运转中的机械设备进行维修、保养、调整等作业。 （7）指挥施工机械作业的人员，必须站在可让人瞭望到的安全地点并要明确规定指挥联络信号。 （8）使用钢丝绳的机械，在运行中严禁用手套或其他物件接触钢丝绳，用钢丝绳拖拉机械或重物时，人员应远离钢丝绳。 （9）起重作业严格按照现行行业标准《建筑施工起重吊装工程安全技术规范》(JGJ 276—2012)的规定执行。 （10）正在运行的机械、电气设备应加设醒目标识牌，非操作人员不得随意操作或关闭、开启等。 （11）定期组织机电设备、车辆安全大检查	 定期对施工机械进行检查保养

序号	风险点	风险分析	管控措施	相关图例
8	基坑险情	(1) 出现涌水涌砂情况。 (2) 基坑变形超过限值或发展过快。	(1) 施工前应筹备好充足的抢险材料及机具,抢险材料及机具应在施工现场专门设仓存放,并注明抢险专用。 (2) 如发现桩间出现漏水,应立即采用棉纱、稻草、小木桩堵塞或用水泥化学浆液注浆快速封堵。 (3) 如果出现漏水点涌砂,应立即回填反压土或沙包,并采用预埋管双液注水泥化学浆进行堵漏。 (4) 如位移突变超过允许范围时,可采用以下方法加以处理: ① 当支护结构变形过大,明显倾斜时,可在坑底与坑壁之间用 $\phi48$ mm 钢管设斜撑。 ② 支护结构桩嵌岩深度不足,使支护桩墙踢失稳时,应立即停止土方开挖,在桩墙前堆沙包反压,也可在基坑外侧挖土卸载,在挡土桩被动区打入短桩加固等。 ③ 当基坑土体严重变形,且变形速率持续增加有滑动趋势时,应视为基坑整体失稳的先兆,应立即采用沙包或其他材料回填,反压坑脚。 (5) 当基坑出现险情危及安全时,应立即疏散施工人员及附近居住的居民,并对基坑周边影响范围进行封闭,防止无关人员进入或通过,确保人身安全。	 支撑梁轴力监测

表（续）

序号	风险点	风险分析	管控措施	相关图例
8	基坑险情	（3）基坑坍塌。 （4）基坑支撑失稳	（6）当监测项目超过其警戒值时，必须迅速停止开挖，查明原因，对支护方案进行修改，待加固处理后方能进行下一步开挖，一般应急措施有：迅速原位回填，保证警戒值不再增大及修改方案进行加固。 （7）基坑开挖期间加强对支撑的观察，钢支撑失稳前有拱起侧弯或下沉的先兆，发现情况迅速采取加固或补撑措施。 （8）如果基坑未坍塌，在失稳的钢支撑旁加设钢支撑，并施加预应力，同时对周围支撑复查，查找支撑失稳原因，防止失稳现象扩散。 （9）如果基坑已坍塌，立即对基坑坍塌处回填土方，并清理基坑周边的超载，如果围护结构背后发生土体流失，要立即填充砂或混凝土，同时对周围支撑复查，防止失稳现象扩散	 基坑支护坑顶水平及 竖向位移监测

3. 换撑及支撑拆除施工

序号	风险点	风险分析	管控措施	相关图例
1	搭设临时支撑架	（1）未按方案进行支撑梁支撑架设置。	（1）设计支撑体系时应按规范有关要求进行验算，保证其具有足够的强度、刚度和稳定性，能可靠地承受施工过程中可能产生的各项荷载。	

表（续）

序号	风险点	风险分析	管控措施	相关图例
1	搭设临时支撑架	（2）支撑梁支撑架基础不稳固。 （3）支撑架密度不满足要求。 （4）支撑架材料破旧，未经验收进场使用	（2）支撑架搭设前，应按要求逐级进行方案交底。施工现场管理人员应向作业人员进行安全技术交底，并由双方和项目专职安全生产管理人员共同签字确认。施工时严格按方案要求进行。 （3）模板支撑架搭设场地必须平整坚实，数量符合要求，具有足够承载力。 （4）搭设支撑架时，必须按要求在立杆底部设置垫板。每搭完一步架体后，应立即检查并调整立杆的垂直度，确保立杆的垂直度符合要求，防止因立杆倾斜过大造成支撑架失稳。 （5）搭设支撑架时，应严格按照方案要求设置纵横向水平拉杆、扫地杆、剪刀撑，防止支撑架由于整体刚度不足和失稳造成坍塌事故。支撑架使用期间不得拆除上述杆件	 支撑梁支撑架设置
2	拆撑作业	（1）地下室结构强度未到设计值即进行拆撑作业。 （2）拆撑未按方案顺序进行。	（1）拆撑施工前换撑体系必须满足设计要求，严禁提前拆除支撑体系。	 拆撑准备

表（续）

序号	风险点	风险分析	管控措施	相关图例
2	拆撑作业	（3）拆撑速度过快，基坑水平位移变化速率快。 （4）拆撑后拆除构件堆放不当。 （5）未对基坑委托专业单位监测，位移超过报警值未采取措施。 （6）支撑梁拆除时无安全防护措施	（2）内支撑拆除遵循：从下往上拆，先拆第二道撑，后拆第一道撑；先拆板，后拆梁；先拆角撑，后拆对撑；先拆角撑中的纵向支撑和支撑之间的联系梁，再拆角部主支撑，角部主支撑拆除时，要先拆除最外面的（靠近角部），再拆除最里面（靠近坑内）。先拆梁跨中，后拆梁两端。与腰梁连接的支撑梁，先切割与腰梁及钢管混凝土立柱节点，后拆梁中。上下两道支撑梁全部拆除完成后，再从上往下分段拆除钢管混凝土立柱及钢格构柱。 （3）拆除过程中保持基坑监测，监测数据报警时应立即停止施工，分析报警原因，解除报警后方可继续施工。 （4）所有构件的模板拆除，必须待其构件混凝土强度满足设计或相关施工标准要求后才能施工；当施工阶段的施工荷载较大时，施工单位必须根据其受力要求，对相关的结构构件计算并设置临时支顶或加固措施，保证结构构件正常使用不发生破坏。 （5）拆除的杆件宜分散堆放并及时清运。临时堆放处离楼层边沿距离不得小于1 m，堆放高度不得超过1 m。楼层边口、通道口、脚手架上严禁堆放任何拆下的物件。 （6）支撑梁拆除过程中，梁顶设置安全绳，作业人员必须佩带安全带	 拆撑作业

（二）混凝土工程施工

1．钢筋工程

序号	风险点	风险分析	管控措施	相关图例
1	钢筋加工	（1）设备皮带、齿轮等机械传动部位缺少防护装置或损坏。 （2）设备的隔离、急停等安全装置缺失或损坏。 （3）旋转、传动等危险部位未设置醒目的安全警示标志。 （4）作业人员未佩戴手套等个人防护用品。 （5）操作人员上岗前未经过安全教育和技术操作培训。 （6）员工未严格按照操作规程作业，或操作时注意力不集中，意外触及危险部位。 （7）维修人员在检修设备时未按照安全操作规程作业，未停机断电、未悬挂操作牌	（1）作业前，检查设备皮带、齿轮等机械传动部位安全防护装置是否齐全可靠。 （2）对设备的隔离、急停等安全装置进行定期检查维护，在安全装置存在问题的情况下不得启用设备。 （3）设备皮带、齿轮等旋转部位设置"当心机械伤害"等安全警示标牌。 （4）制定设备安全操作规程，加强现场作业人员安全管理，杜绝违章作业；操作规程、责任牌、警示牌、验收牌悬挂在机械旁明显位置。 （5）作业、检维修人员在作业时必须按照安全操作规程作业，停机断电、悬挂操作牌、佩戴劳动防护用品。各种加工机械安装完毕应进行验收，验收合格后才能投入使用。 （6）钢筋加工厂应独立设置，并按规范搭设防护棚。机械布置合理，间距满足工序操作需要。对焊机作业设置防火花飞溅的隔离设施。调直作业按规定设置防护栏。 （7）作业人员上岗前应接受进场安全教育及安全技术交底	 钢筋加工操作规程 标准化钢筋加工棚

序号	风险点	风险分析	管控措施	相关图例
2	钢筋起吊	（1）塔式起重机相关人员未取得特种作业人员资格证书。 （2）塔式起重机起重量限制器、防脱钩装置等安全装置缺失或失灵。 （3）作业前未对塔式起重机安全装置进行检查。 （4）作业前未对吊索吊具进行检查。 （5）作业时未严格执行起重作业"十不吊"规定。 （6）起吊前未进行试吊。 （7）多班作业时，未进行交接班作业。 （8）人员在塔式起重机下方穿行。 （9）卸料平台未经验收就使用	（1）塔式起重机司机、起重信号工、司索工等操作人员应取得特种作业人员资格证书，严禁无证上岗。 （2）塔式起重机起重量限制器、起重力矩限制器等安全装置应完好有效。 （3）作业前对塔式起重机安全装置进行检查，确认合格后方可起吊；安全装置失灵时，不得起吊。 （4）作业前对吊索吊具进行检查，不符合相关规定的，不得用于起吊作业。 （5）作业时必须严格执行起重作业"十不吊"规定。 （6）起吊前必须进行试吊。 （7）作业时，严禁吊物长时间悬挂在空中。 （8）多班作业时，必须执行交接班作业制度，确认无误后方可开机作业。 （9）楼层钢筋使用卸料平台进行转运，避免钢筋吊运与钢结构施工交叉作业，卸料平台按方案施工，每周检查一次，必须严格进行验收。 （10）钢筋吊装不得使用原有钢筋箍筋，起吊后人员不得在下方穿行	 使用卸料平台转运钢筋

表(续)

序号	风险点	风险分析	管控措施	相关图例
3	钢筋绑扎	(1) 作业人员未定期体检,身体条件不符合高处作业条件。 (2) 操作人员未正确佩戴安全帽、系安全带、穿防滑鞋。 (3) 安全帽和安全带未定期检查;安全带未"高挂低用"。 (4) 临边孔洞未防护,未装设安全绳。 (5) 钢筋区域未铺设脚手板,人员移动、抬钢筋受限	(1) 操作人员上岗前进行体检,进入现场必须正确佩戴安全帽、系安全带、穿防滑鞋。 (2) 安全帽和安全带使用前,检查是否符合要求,安全带"高挂低用"。 (3) 在大风、雨雪等恶劣天气以及夜间严禁进行高处作业。 (4) 通道区域脚手板铺设牢固、严实,孔洞设置栏杆、采用安全网兜底。 (5) 现场进行绑扎安装高度在 2 m 以上的钢筋时,必须搭设脚手架,不得站在钢筋骨架上进行绑扎安装或者调直粗钢筋,在绑扎安装挑檐板、边、角柱子等危险部位的钢筋时,必须系好安全带。 (6) 钢筋施工前,检查楼层安全绳是否安装到位,若未安装到位,则必须重新拉设双道安全绳。 (7) 在高空临边从事钢筋绑扎安装作业时,应保证钢筋、脚手板等物资的安全和作业人员的安全,不得有钢筋或其他物资从空中坠落的现象	 规范穿戴劳动防护用品

表（续）

序号	风险点	风险分析	管控措施	相关图例
4	卸料平台	（1）卸料平台未按照方案施工，相关人员未接受教育、交底。 （2）高处作业未设置安全绳，未佩带安全带。 （3）平台施工完未组织验收。 （4）预埋构件不符合规范要求，预埋设施未纳入隐蔽记录管理。 （5）将卸料平台设置在未经验算的临时设施上。 （6）卸料平台的结构及承载力未验算	（1）卸料平台严格按照方案施工，相关人员进行安全教育及安全技术交底。 （2）高处作业必须设置安全绳，并佩带安全带。 （3）卸料平台施工结束应组织项目相关人员进行验收。 （4）预埋构件按规范要求设置，预埋件按照隐蔽记录管理。 （5）卸料平台不得设置在临时结构上，其安装结构及承载力应进行验算。 （6）卸料平台承载材料不得超重，大型设备不得搁置在平台上	 卸料平台验收签字

2. 脚手架工程

序号	风险点	风险分析	管控措施	相关图例
1	脚手架搭设和拆除	（1）未按方案进行搭设，方案未按要求交底。	（1）脚手架设计时应按规范要求进行验算，保证其具有足够的强度、刚度和稳定性，能可靠地承受施工过程中可能产生的各项荷载。	

序号	风险点	风险分析	管控措施	相关图例
1	脚手架搭设和拆除	（2）脚手架上装设模板支撑，放置泵管。 （3）钢管、扣件材料锈蚀，密目网不合格。 （4）连墙件、抛撑未同步搭设或搭设滞后。 （5）钢管脚手架扣件与管径不配套，同一脚手架采用两种材质搭建。 （6）未按规定程序拆除脚手架	（2）脚手架搭设及拆除前，应按要求逐级进行安全技术交底，并由双方和项目专职安全生产管理人员共同签字确认。施工时严格按方案要求进行。 （3）脚手架的构配件及材料进场严格验收，并应确认合格后使用，外脚手架禁止放置泵管。 （4）脚手架架搭设场地必须平整坚实，排水良好，具有足够承载力。脚手架连墙件、抛撑同步实施。 （5）钢管脚手架扣件与管径应配套，同一脚手架应用同种材质搭建。 （6）脚手架拆除必须自上而下，连墙件必须随脚手架逐层拆除，严禁先将连墙件整层或数层拆除后再拆脚手架，各构配件严禁抛掷至地面	 脚手架基础平整坚实 脚手架规范搭设

3. 模板工程

序号	风险点	风险分析	管控措施	相关图例
1	模板支架搭设和拆除	(1) 模板支撑架的整体刚度、承载能力、整体稳定性不够。 (2) 模板拆除前未经拆模申请批准。 (3) 模板上施工荷载超过规定或堆料不均匀。 (4) 模板支撑固定在非承重架上。 (5) 模板搭设和拆除期间,人员随意进出	(1) 设计模板及支撑体系时应按规范要求进行验算,保证其具有足够的强度、刚度和稳定性,能可靠地承受施工过程中可能产生的各项荷载。 (2) 支撑架搭设及拆除前,应按要求逐级进行方案交底和安全技术交底,并由双方和项目专职安全生产管理人员共同签字确认。施工时严格按方案要求进行。 (3) 所有构配件使用前均应按规定进行全面检查,不得使用不合格的构配件。 (4) 模板支撑架搭设场地必须平整坚实,排水良好,具有足够承载力。 (5) 搭设支撑架时,应严格按照方案要求设置纵横向水平拉杆、扫地杆、剪刀撑,防止支撑架由于整体刚度不足和失稳造成坍塌事故。 (6) 支撑架顶部的实际荷载不得超过设计规定,不得在支撑架上集中堆放模板、钢筋等物件。 (7) 模板支撑架应自成体系,严禁与脚手架进行连接,施工人员上下施工面时,必须走安全通道,严禁攀爬模板支撑架上下。 (8) 模板搭设、拆除及混凝土浇筑期间,无关人员不得进入支模架底部	 支架安全防护

4. 混凝土工程

序号	风险点	风险分析	管控措施	相关图例
1	超高混凝土泵管安装	(1) 超高混凝土泵管未按照方案施工。 (2) 泵管过重造成安装困难,高处作业措施不足。 (3) 安装过程中泵管脱落	(1) 泵管的运输、安装必须制定详细的专项施工方案,并确保方案的可操作性。 (2) 每一层增设泵管时,上部区域的泵管需设置2个及以上的固定点,每个固定点需根据上部泵管的重量等设计,满足受力要求,严格高处作业措施管理。 (3) 泵管安装期间禁止立体交叉作业,泵管采用起重机械进行配合,安装采用逐节固定,顺序安装	 布料机设备
2	混凝土浇筑	(1) 夜间照明不满足混凝土浇筑施工需要。 (2) 临边洞口未设置盖板或围栏。 (3) 混凝土输送管老化、磨损严重,弯管及缩径管处无警示标志。	(1) 混凝土浇筑前,先检查现场照明是否满足混凝土施工照明要求,若不满足,则需增设临时照明以确保施工现场照明要求。 (2) 楼面上的预留洞口应设置盖板或围栏。所有操作人员应佩戴安全帽,高处作业需系安全带。采用地泵浇筑时,泵管口前严禁站人。 (3) 泵送混凝土作业过程中,软管末端出口与浇筑面应保持0.5~1 m距离,防止埋入混凝土内,造成管内瞬时压力增高爆管伤人。 (4) 泵车应避免经常处于高压下工作,泵车停歇再启动时,要注意表压是否正常,预防堵管和爆管。	 夜间混凝土浇筑增设临时照明

表（续）

序号	风险点	风险分析	管控措施	相关图例
2	混凝土浇筑	（4）泵送混凝土粗骨料粒径过大或停顿时间较长造成堵管现象。 （5）清洗泵管前方站人，未注意避让	（5）泵管应定期检修、保养，并敷设在牢固的专用支架上，转弯处采用设有支撑的井式架固定，张贴警示标志。 （6）泵受料斗的高度应保证混凝土压力，防止吸入空气发生气锤现象。 （7）发生堵管现象应将泵机反转使混凝土退回料斗后再正转进行小行程泵送。无效时需拆管排堵。 （8）拆除管道接头应先行多次反抽卸除管内压力。 （9）清洗管道不得同时使用压力水与压缩空气，水冲洗中途可改气洗，但气洗中途严禁改用水洗，在最后 10 m 应缓慢减压。 （10）清选管道时，管端应设安全挡板，其前方严禁站人，以防射伤	临边浇筑作业系挂安全带
3	混凝土振捣	（1）混凝土振捣时无人监护作业，碰损电线。 （2）振动器电源线破损，与钢筋直接接触，造成触电事故	（1）混凝土浇筑前，应对振动器进行试运转，振动器操作人员应穿胶靴、戴绝缘手套；振动器不能挂在钢筋上，湿手不能接触电源开关，振捣时设专人监护管理。 （2）振动器电源线全部套绝缘管保护，不得敷设在人行通道区域	振捣作业人员穿绝缘鞋、戴绝缘手套

（三）钢结构工程施工

1. 钢结构（核心筒、外框）安装

序号	风险点	风险分析	管控措施	相关图例
1	钢板墙吊装	（1）钢构件翻身时站在构件一侧，造成物体打击事故。 （2）吊钢构件时单头起钩过高导致钢构件滑脱。 （3）使用不合格的起重机械、设备、吊索具等。 （4）索具未进行日常检查。 （5）吊装时，构件上杂物未及时清理。 （6）起吊前未设置溜绳保持构件稳定。	（1）吊运钢板墙要使用有防止脱钩装置的吊钩或卡环。 （2）起重机械下不得站人或穿行。 （3）起重机械必须按期由具有检验资质的机构进行检验。 （4）起重机械应设有能从地面辨别额定荷重的铭牌，严禁超负荷作业。 （5）每班第一次工作前，应认真检查吊具是否完好，并进行负荷试吊，即将额定负荷的重物提升离地面0.5 m的高度，然后下降以检查起升制动器工作的可靠性。起重机车运行前，应先鸣铃，运行中禁止吊物从人头上经过，严格执行"十不吊"规定。 （6）吊装前指挥人员要认真核对构件的长度、重量，按照施工方案要求选择合理的吊绳、卡环及吊装方式。	

表(续)

序号	风险点	风险分析	管控措施	相关图例
1	钢板墙吊装	(7) 起重机械、设备、吊索具等安全性能丧失。 (8) 连接板未固定牢靠,构件坠落。 (9) 塔式起重机司机下班后驾驶室未上锁。 (10) 塔式起重机司机和信号工配合不佳	(7) 塔式起重机司机开机前应认真检查钢丝绳、吊钩、吊索具有无磨损裂纹和损坏现象,传动连接部位螺丝是否松动,各部电器元件是否良好,线路连接是否安全可靠,传动部分润滑部位是否正常,并进行空运转,待一切正常后方可使用。 (8) 塔式起重机司机工作时应服从指挥,坚守岗位,集中精力,精心操作,严禁吊钩有重物时离开驾驶室,操作中做到"二慢一快",即起吊、下落慢,中间快。 (9) 下降吊钩或起吊物件时,如遇信号不明,发现下面有人或吊钩前面有障碍物时应立即发出信号,服从指挥人员信号指挥。 (10) 塔式起重机司机下班前各操作处于断开位置,切断电源,离开驾驶室必须加锁。 (11) 塔式起重机指挥员必须经专业培训、考核合格后持证上岗,按时复训。有耳疾或眼疾的人不能担任指挥,或发生耳疾、眼疾时应暂停指挥。 (12) 塔式起重机指挥员通信工具应灵敏有效,指挥正确,严禁不明情况下,盲目指挥,在塔式起重机工作时,指挥应全神贯注,不得开小差或擅离岗位	 大型钢构件翻身起吊

表（续）

序号	风险点	风险分析	管控措施	相关图例
2	钢板墙临时固定	（1）钢板墙未固定就位，就解开吊装索具。 （2）大风天气钢板墙摆动过大，撞击施工人员。 （3）连接时，未将螺栓紧固，或者未安装足够数量的螺栓，钢板墙倾倒。 （4）夜间施工光线不足	（1）钢板墙就位后，必须按方案要求安装连接板，固定就位，检查无误后，方可解开吊装索具。 （2）遇6级以上大风天气时，严禁吊装作业。 （3）夜间施工必须配备充足的照明设备。 （4）落钩要使用慢速挡，充分落钩至钢丝绳不受力后才能解钩。 （5）构件不得悬空过夜，特殊情况时应报主管领导批准，并采取可靠的安全防范措施	 钢板墙就位临时固定
3	钢板墙校准	（1）小型机具、物体无防坠措施，导致坠落。 （2）钢板墙顶部校准人员无操作平台，且未按要求使用安全带，测量人员高空坠落。 （3）小型千斤顶超荷载使用。 （4）施工人员意外碰伤、挤伤	（1）钢构件校正用的丝杆、千斤顶、缆风绳、锚固件等辅助工具，在校正施工前必须进行安全检查。对于小型机具和材料要有防坠措施。 （2）校正时，禁止人员站在工具受力方向，应站于两侧。 （3）在丝杆、千斤顶或缆风绳施力过程中，应逐步加载，禁止用力过快，并随时观察工具的受力情况，避免超过校正工具额定载荷而发生安全事故。 （4）钢结构测量校正过程中，安全平台使用和高空行走必须严格遵守安全操作规程	 钢板墙校准

表（续）

序号	风险点	风险分析	管控措施	相关图例
4	钢构件焊接	（1）电焊机未单独设开关和漏电保护装置，外壳未采用保护接零措施，焊接施工人员触电。 （2）焊接、油漆交叉作业、焊接时无监火员、无防火措施。 （3）氧气、乙炔存放过多。 （4）动火作业时无防护，焊枪防回火装置失效或未配置，焊接、切割时未配备灭火器材。 （5）作业场所附近有易燃、易爆物品	（1）工具房要设置足够数量的灭火器材。电焊、气割时，先观察周围环境有无易燃物后再进行工作，并用火花接取器接取火花，严防火灾发生。 （2）氧气瓶、乙炔气瓶存储不得过量，减压阀出口位置均安装防回火装置，铺设防火毯，并安排专人监护，检查气管时使用"肥皂水"进行确认。 （3）氧气、乙炔箱房处灭火器摆放在入口处，防止起火时温度过高无法及时拿取灭火器。 （4）现场的焊接、切割作业必须符合防火要求，严格执行"十不烧"规定。 （5）焊接、切割作业处下方不得有人，不得有易燃物	 高空焊接防护
5	钢梁吊装	（1）指挥人员不在起吊点和就位点现场。 （2）吊钢梁时单头起钩过高导致钢构件滑脱。	（1）钢梁起吊时指挥人员必须在起吊点，设置警戒区域，检查锁扣无误后，缓慢起吊。 （2）钢梁不可单头起吊，严禁长短不一的钢梁混吊。	

表（续）

序号	风险点	风险分析	管控措施	相关图例
5	钢梁吊装	（3）操作人员误将安全带直接挂在起重物或吊索上。 （4）钢梁上面杂物未及时清理导致坠落。 （5）钢梁串吊，上层钢梁碰撞、挤伤正在下面挂钩人员。 （6）钢梁起吊前，梁面安全防护用具未固定牢靠导致坠落。 （7）长短不一的钢梁混吊。 （8）未设置悬挑安全防护网	（3）开好班前会，严禁操作人员不安全行为发生。 （4）钢梁串吊时，上层钢梁面杂物必须清理干净，缓慢起吊，并等上层钢梁稳定后开始准备吊装下一层钢梁。 （5）钢梁起吊前两道安全绳必须设置到位。 （6）为保护作业人员的安全，根据施工需要，在外框钢结构施工时，在作业层下方6层范围内设置一道安全悬挑防护网，防护每隔6层向上周转一次	 高空悬挑防护网
6	钢梁焊接	（1）钢梁焊接时，工人未正确采取防护措施。 （2）焊接前梁下杂物未及时清理，造成火灾。 （3）焊接时未正确设置接火斗，焊渣飞溅	（1）高空焊接及气割前，作业人员应按照防火要求对焊接点附近的易燃物品进行清理，并采取防护措施。 （2）设置好接火斗，将挂件在钢梁上翼缘挂牢，接火斗接住焊接残渣及火花，预防火灾发生	 高空焊接安全措施

表(续)

序号	风险点	风险分析	管控措施	相关图例
7	操作平台安拆、使用	(1) 操作平台倒运前,操作平台内杂物、小型工具等未及时清理,造成重物坠落。 (2) 倒运时未按操作要求,四点吊装,而是选择对角两点吊装,操作平台翻转。 (3) 操作平台使用过程中,未定时巡检,操作平台存在质量缺陷,导致垮塌。 (4) 操作平台未按设计搭设,平台超载,导致垮塌。 (5) 作业人员在操作平台上行走时,未正确采取防护措施	(1) 操作平台倒运前必须将平台内的焊渣、废弃码板等杂物清理干净,平台上的焊机、气割刀等工具归放至焊机房,确保平台内无散放重物,确保操作平台倒运过程中不会发生重物坠落事故。 (2) 单个操作平台倒运时,吊耳应焊接可靠,必须为四点吊装。操作平台倒运前,四个吊点未受力时,禁止提前将操作平台与钢板墙之间的焊点割开。倒运就位后操作平台挂点连接牢靠后方可松钩,并立即将挂点与钢板墙焊接,操作平台间的螺栓连接牢靠。 (3) 倒运结束后,组织人员对操作平台挂点焊接质量、平台下方加固槽钢、平台间连接节点进行检查验收,验收合格后操作平台才可正式使用。 (4) 项目经理部应定期对操作平台的使用情况及稳定性进行检查,使用过程中,严禁倚靠操作平台侧面防护栏,避免遭受外力撞击;操作平台应在该部位施工工序完成后拆除。 (5) 作业人员在操作平台上行走时,应正确采取防护措施	 操作平台 操作平台固定节点

序号	风险点	风险分析	管控措施	相关图例
8	爬梯安拆、使用	（1）上下攀爬的爬梯和吊笼未正确使用配备自锁器和安全绳。 （2）自制爬梯未按方案交底内容制作，私自使用不合规定的爬梯和护笼。 （3）作业人员在攀爬过程中携带小型器具，或者手中持物，造成坠物打击。 （4）作业人员未穿防滑鞋，戴防滑手套。 （5）多人同时攀爬	（1）爬梯和吊笼应配备自锁器及安全绳。 （2）自制爬梯及操作吊笼必须按照相关管理规定监制，安装完成必须获得多方验收、挂牌后方可使用。 （3）钢柱吊装、校正等过程，作业人员登高必须通过垂直登高挂梯上下，攀爬过程中应面向爬梯，手中不得持物，严禁以钢柱栓钉为支撑攀爬钢柱。 （4）不可多人同时攀爬。 （5）工作服应保持整洁，袖口及裤腿应扎紧，劳保鞋应同时具备绝缘、防滑、防砸功能。 （6）爬梯规格应符合以下要求： ① 梯梁及踏棍分别采用 60 mm×8 mm 的扁钢及直径不小于 12 mm 的圆钢焊接而成。 ② 单副爬梯长度以 3 m 为宜，内侧净宽以 350 mm 为宜，踏棍间距以 300 mm 为宜。 ③ 每副爬梯应设置不少于两道支撑，爬梯与钢柱之间的间距不宜小于 100 mm，爬梯顶部挂件应挂靠在牢固的位置并保持稳固	作业爬梯

表（续）

序号	风险点	风险分析	管控措施	相关图例
9	安全绳安拆、使用	（1）未按方案要求设置安全绳。 （2）安全绳设置高度、数量不符合规范及方案要求。 （3）施工人员在钢梁上面行走，未将安全带正确挂在安全绳上。 （4）安全绳安装滞后，未在梁安装前进行。 （5）安全绳所用材料质量不符合国家标准，突然断裂。 （6）安全绳安装，卡扣未卡紧，安全绳脱扣。	（1）按方案要求设置安全绳。 （2）抱箍式双道安全绳构造应符合以下标准： ① 抱箍由施工项目根据钢柱截面形式及规格，采用 30 mm×6 mm 的扁钢及直径为 9 mm 的圆钢焊接而成。 ② 钢丝绳直径不应小于 9 mm，上、下两道钢丝绳距离梁面分别为 1 200 mm 及 600 mm。 ③ 钢丝绳两端分别用公称直径为 9 mm 的绳卡固定，绳卡数量不得少于 3 个，绳卡间距保持在 100 mm 为宜，最后一个绳卡距绳头的长度不得少于 140 mm。 ④ 钢丝绳左端用规格为 M8 的花篮螺栓调节钢丝绳的松弛度。 ⑤ 钢丝绳端部固定连接使用绳卡，绳卡压板应在钢丝绳长头的一端，绳卡数量应不少于 3 个，绳卡间距为 100 mm，钢丝绳固定后弧垂应为 10～30 mm。 （3）立杆式双道安全绳构造应符合以下标准： ① 立杆由规格为 48 mm×3.5 mm 的钢管、角钢∟63 mm×5 mm 及底座组成。 ② 立杆与底座之间除焊接固定以外，还应有相应的加固措施。 ③ 立杆间距最大跨度不应大于 8 m。	 立杆式双道安全绳

序号	风险点	风险分析	管控措施	相关图例
9	安全绳安拆、使用	(7) 安全绳在使用过程中,未及时巡检,连接松动	④ 钢丝绳直径不应小于 9 mm,上、下两道钢丝绳距离梁面分别为 1 200 mm 及 600 mm。 ⑤ 钢丝绳两端分别用 $D_r=9$ mm 的绳卡固定,绳卡数不得少于 3 个,绳卡间距保持在 100 mm 为宜,最后一个绳卡距绳头的长度不得小于 140 mm。 (4) 安全绳在使用过程中,定期巡检,发现松动及时紧固	M8花篮螺栓 紧固件 抱箍 绳卡 抱箍式双道安全绳
10	悬挂操作平台使用	(1) 悬挂操作平台使用时,施工人员未采取防坠措施。 (2) 悬挂操作平台使用时,施工人员未佩带双大钩安全带。 (3) 悬挂操作平台作业人数超标。 (4) 悬挂操作平台材料不合格	(1) 悬挂操作平台构造应符合以下要求: ① 悬挂操作平台使用 12 mm 圆钢焊接而成,接口部位均采用搭接方式,搭接长度不应小于 20 mm。 ② 挂件使用 60 mm×8 mm 扁钢制作而成,中间用 12 mm 圆钢连接固定,挂篮下部 600 mm 范围用硬质材料进行全封闭。 (2) 在挂笼内作业时,施工人员应将双大钩安全带同时挂在安全绳上,并采取防坠措施。 (3) 双挂笼经过验算,表明载重量及作业人数,挂笼两侧利用扁铁临时固定在钢构件上,防止人员上下时挂笼晃动。 (4) 挂笼与直爬梯顶部均设防坠器,防坠器设延长绳,便于使用	挂件 φ12圆钢 2 000 600 600 960 1 200 悬挂操作平台

2. 钢筋桁架楼承板铺设

序号	风险点	风险分析	管控措施	相关图例
1	楼承板吊运	(1) 从钢结构施工层下钩到待铺设楼层过程中碰撞已安装构件。 (2) 由于楼承板吊运,拆除的水平兜网未及时恢复。 (3) 楼承板放置在钢梁上时不稳定,造成楼承板滑落	(1) 提前制定好压型钢板的吊运路线,每层楼设置的路线需满足操作要求,每次吊运前均应检查吊运路线,对路线上可能产生碰撞的构件及时保护。 (2) 拆除的水平兜网在吊运结束后,必须立即安排专人进行恢复。 (3) 钢筋桁架楼承板分区吊装堆放,堆放至梁柱节点位置,远离结构边缘,且堆放高度不应超过 1 m。 (4) 风速大于或等于 6 m/s 时禁止施工,已拆开的钢筋桁架楼承板应重新捆扎	 楼承板吊运
2	楼承板铺设	(1) 高处作业人员从施工层坠落。 (2) 楼承板移动时坠落。 (3) 作业人员违规将安全带挂在楼承板上	(1) 楼承板铺设前拉好安全绳,铺设时挂好安全带,戴好手套,穿好胶鞋,做好防滑措施。 (2) 作业人员在钢梁上行走时要挂好安全绳,严禁将安全带挂在楼承板上,采取骑马式在钢梁上移动。 (3) 楼承板铺设时需要工人从楼承板两端同时移动压型板,防止压型板滑动或翘头。 (4) 钢梁上张挂的水平兜网,待楼承板铺设完成封闭后方可摘取	 楼承板铺设安全防护

表(续)

序号	风险点	风险分析	管控措施	相关图例
3	栓钉焊接	(1) 栓钉坠落。 (2) 栓钉熔渣导致烫伤	(1) 焊接栓钉过程中,栓钉必须放置在平稳的地方,防止栓钉坠落,栓钉打完后,栓钉包装盒以及多余的栓钉及时回收,防止坠物伤人。 (2) 焊接栓钉时应指派专人负责观察焊接时飞溅的熔渣是否会引起下方物料的燃烧,并铺好防火布,切实做好防火工作	 栓钉焊接
4	楼承板临时支撑搭设、拆除	(1) 未按方案要求搭设造成混凝土浇筑时楼承板变形。 (2) 混凝土强度未达要求前,擅自拆除临时支撑。 (3) 搭设临时支撑时,高处临边作业安全措施未落实到位	(1) 在钢筋桁架楼承板施工阶段,对所有跨度楼板区域,垂直钢筋桁架方向,应在楼承板跨中设置临时支撑:跨度小于4.8 m楼板,跨中设置一道可靠临时支撑;跨度大于或等于4.8 m楼板,跨内设置两道可靠临时支撑。 (2) 混凝土强度未达到75%设计强度前,不得拆除临时支撑。临时支撑拆除前应全面检查支撑体系等是否符合构造要求,经技术部门批准后方可实施拆除。 (3) 涉及临边高处作业时,施工人员必须系挂好安全带	 楼承板临时支撑

（四）二次结构工程施工

序号	风险点	风险分析	管控措施	相关图例
1	楼层和电梯井砌筑	（1）砌筑临边墙和电梯井时，施工过程中存在高处坠落的安全隐患。 （2）施工层预留洞口、电梯口、楼梯口等临边防护不到位。 （3）砌筑过程中作业人员不按规范操作造成倒塌、高空坠物等安全事故	（1）当每层砌筑墙体的高度超过 1.2 m 时，应及时搭设好操作平台。 （2）塔楼临边砌筑施工时，必须拉设双道安全绳，并沿墙体端部拉设兜网（水平兜网竖向拉设防止人员和物体坠落）。 （3）施工人员应按要求规范使用安全带、安全绳、防坠器等安全防护装备。 （4）作业时使用的临时作业平台，未经交接验收不得使用，验收使用后严禁随便拆改或移动。 （5）临时作业平台上堆料量不得超过规定的荷载。 （6）使用的工具应放置在稳妥位置，砌筑抹灰用活动架或马凳应牢固平稳。不得在马凳上架马凳。 （7）作业过程中，涉及登高作业需要使用的马凳、人字梯等，必须牢固可靠。不得在砖墙上进行砌筑、抹灰、划线、吊线、清扫墙面等工作。 （8）井道内安全网应规范拉设，电梯井每两层布置一道水平硬防护。 （9）临边防护搭设到位，着重检查电梯口、楼梯口、预留洞口、施工电梯口等重点部位。 （10）洞口防护应逐层拆除。 （11）垃圾可采用垃圾管道清运	 电梯井口安全防护 电梯井水平防护

（五）室内装饰工程施工

序号	风险点	风险分析	管控措施	相关图例
1	室内精装修施工管理	（1）现场临时用电布设混乱。 （2）随意设置加工点，施工机具未经验收使用。 （3）易燃材料未及时清理。 （4）消防器材配备不足。 （5）电梯井、阳台边、玻璃窗边等防护不到位	（1）现场临时用电严格按照临时用电方案进行布设。 （2）施工机具进场必须验收，加工点合理布设。 （3）每日做到工完场清。 （4）根据消防规范要求配备消防器材，做到目视可及。 （5）电梯井、阳台边、玻璃窗边等防护设施或者固有设施必须到位	 临边孔洞防护到位
2	抹墙作业	（1）作业人员未正确穿戴劳动防护用品，临边未挂安全带。 （2）违规使用自制木梯，或者临时搭设违规登高设施。 （3）使用搅拌砂浆机时未按照操作规程作业。 （4）使用未经验收的脚手架进行登高作业。 （5）地下室等区域照明不足	（1）作业人员正确佩戴安全帽和安全带。 （2）使用人字梯时必须符合要求并有人监督管理，操作平台设置防护栏杆。 （3）使用搅拌砂浆机时严格按照操作规程作业，禁止人员手臂伸入搅拌机。 （4）脚手架必须经验收合格后方可投入使用。 （5）夜间、光照不足的地下室等区域照明应满足要求	 脚手架验收合格

表（续）

序号	风险点	风险分析	管控措施	相关图例
3	文明施工	（1）建筑垃圾清理不及时。 （2）建筑扬尘未控制。 （3）临边孔洞未及时封堵	（1）设置超高层专用垃圾通道，节能环保，减少人力物力。 （2）场地内定期安排分包清理，定期开展文明标准化检查。 （3）临边孔洞使用标准化、定型化防护设施	 专用垃圾通道

（六）玻璃幕墙工程施工

序号	风险点	风险分析	管控措施	相关图例
1	吊篮安拆	（1）吊篮材料不合格。 （2）安拆工未持证上岗。	（1）吊篮设备必须经验收合格后方可进场。 （2）特殊工种必须持证上岗，并严格按照安拆方案进行施工。	

序号	风险点	风险分析	管控措施	相关图例
1	吊篮安拆	(3) 未按吊篮安拆方案进行施工。 (4) 使用不合格的钢丝绳。 (5) 吊篮未经验收擅自投入使用	(3) 安全绳必须独立设置,固定在永久结构上,安全绳不允许接长。 (4) 提升机构必须配备制动器。 (5) 吊篮必须装有动作灵敏、可靠的安全锁,安全锁必须在有效期内。 (6) 平台、提升机构安装必须牢固、可靠。 (7) 提升机构转动外露部分必须采取防护措施。 (8) 安全装置如制动器、限位、安全锁必须经检验合格。 (9) 钢丝绳必须符合《塔式起重机安全规程》(GB 5144—2006)规定,不许以连接两根或多根钢丝绳方法加长或修补,安全钢丝绳、工作钢丝绳应分别独立悬挂。 (10) 安全钢丝绳的下端必须安装重砣,重砣底部至地面高度宜为 100～200 mm,且应处于自由状态。 (11) 悬挂机构施加于建筑物或构筑物支撑处的作用力应符合建筑结构承载要求,严禁前低后高。 (12) 按方案规定配制足够的配重块,并加锁。 (13) 吊篮必须严格按照方案进行安装,安装完毕后必须经第三方检测合格通过验收后方可投入使用	 施工吊篮设备  吊篮安装示意图

表(续)

序号	风险点	风险分析	管控措施	相关图例
2	吊篮使用	(1) 吊篮带病作业,使用人员违规半空中进出吊篮。 (2) 吊篮内材料摆放过多,违规当作物料提升设备使用。 (3) 吊篮安全装置失效。 (4) 违规将电焊机摆放在吊篮内使用。 (5) 吊篮内人员超过两人。 (6) 吊篮内施工人员未系挂安全带。 (7) 停止施工后,吊篮未停放至地面,未关闭电源。 (8) 恶劣天气使用吊篮进行施工	(1) 每日使用前必须对吊篮设备进行检查,填写检查记录,发现故障及时维修。 (2) 吊篮在空中严禁人员进出,严禁当作物料提升设备使用。 (3) 吊篮内禁止摆放电焊机等设备。 (4) 吊篮内必须同时两人进行施工,且安全带分别系挂在独立的安全绳上。 (5) 禁止在吊篮内使用登高工具。 (6) 吊篮作业区设警戒线、监护人。 (7) 吊篮作业的 10 m 范围内不准有高压线或高压装置。 (8) 停止施工后,吊篮必须停放到地面或停放平台,并进行固定防止晃动,切断电源。 (9) 5 级以上大风、大雨等恶劣天气禁止使用吊篮。一般大风天气,需对吊篮安全绳进行固定,尤其是在室外施工电梯两侧的吊篮安全绳。台风天气前,需提前将吊篮钢丝绳拆除,安全绳收纳好	 规范设置吊篮停放平台

表(续)

序号	风险点	风险分析	管控措施	相关图例
3	环轨吊施工准备	(1)环轨吊设备进场未经验收。 (2)环轨吊安拆无方案或未按方案进行施工。 (3)环轨吊施工区域内违规安排交叉作业。 (4)板块悬挑平台与运输通道未同步设置	(1)环轨吊必须编制安装拆卸专项施工方案,并经专家论证。 (2)环轨吊必须经过结构受力计算。 (3)环轨吊安拆采取的马道、手拉(电动)葫芦、塔式起重机配合、卷扬机配合等措施必须在方案中予以体现。 (4)重点控制临边高处作业人员安全与防高空落物。 (5)环轨吊作业坠落半径区域内禁止交叉作业。 (6)板块悬挑平台、运输通道等需同步设置	 环轨吊轨道
4	环轨吊运行施工	(1)吊车无专人操作和维护。 (2)吊车超载运行。 (3)吊车安全装置失效或动作不灵敏。 (4)吊车操作人员错误操作。	(1)环轨吊专人操作,安装完成后必须经验收合格方可使用。 (2)电动葫芦由专人操作和维护,安全装置动作灵敏。 (3)严禁超载使用,实际荷载应小于额定荷载。 (4)不允许超过±10°歪拉斜吊幕墙板块。 (5)防止操作人员手上潮湿或有水,以防触电。 (6)操作人员应熟知吊车控制器按钮,防止操作错误。	 环轨吊施工现场

表（续）

序号	风险点	风险分析	管控措施	相关图例
4	环轨吊运行施工	（5）吊车操作人员站位不当。 （6）夜间或照明条件不足情况下强行使用。 （7）吊车操作人员临边作业时未正确系挂安全带	（7）吊车运行中，应注意操作人员站位，应在起吊物后行走并保持一定距离，严禁跨越或站在吊物上。 （8）电动葫芦出现影响安全性能的缺陷，如制动器、限位器失灵，钢丝绳达到报废标准等的不得继续使用。 （9）捆绑、掉挂不牢或不平衡等情况严禁起吊。 （10）作业地点昏暗，视线不清不得起吊。 （11）不得利用限位器停车。 （12）行驶中如有异响，应及时停车检查。 （13）操作人员临边作业时必须正确系挂安全带。 （14）当日工作结束后，应将小车停在规定位置，并切断电源	 环轨吊作业示意图
5	卷扬机施工	（1）卷扬机无安装方案或未按方案安装。 （2）卷扬机投入使用前未经验收。	（1）卷扬机安拆必须严格按照方案进行施工，方案必要情况下需经专家论证。 （2）卷扬机安装完成后必须进行验收合格方可使用。	 卷扬机设备

序号	风险点	风险分析	管控措施	相关图例
5	卷扬机施工	（3）卷扬机无专人操作和维护。 （4）卷扬机未设置警戒区域。 （5）卷扬机操作人员临边作业时未正确系挂安全带。 （6）卷扬机操作人员与板块安装人员沟通不畅	（3）卷扬机由专人操作，每日进行检查和维护。 （4）卷扬机必须使用钢丝绳拉住尾部并采用加固措施固定在安装板面上，防止倾覆。 （5）卷扬机套筒上采取防护措施，并设置警戒区域，防止机械伤人。 （6）卷扬机操作人员临边作业时正确系挂安全带。 （7）卷扬机操作人员与板块安装人员配备对讲机，保持通信畅通。 （8）卷扬机操作人员熟练掌握操作按钮，避免误操作	 卷扬机作业示意图
6	幕墙后置埋件（挂件）施工	（1）作业人员高空临边作业未正确系挂安全带。 （2）焊接作业未开具动火证。 （3）物料摆放距建筑物边缘过近。 （4）涉及剔凿作业时，作业点下方交叉作业。 （5）违规拆除临边安全防护设施	（1）高空临边作业人员必须系挂安全带。 （2）沿建筑物边缘设置两道安全绳，使用 8 号以上钢丝绳，端头固定在建筑物上并用绳卡固定。 （3）焊接作业前应开具动火证。 （4）所有工具和物料摆放均需距建筑物边缘 1 m以上。 （5）涉及剔凿等作业时，下方坠落半径区域内严禁交叉作业。 （6）因影响施工需要拆除安全防护设施，需提前申请，施工完毕后及时恢复	 后置埋件安装

序号	风险点	风险分析	管控措施	相关图例
7	单元板块安装	（1）高空临边作业未正确系挂安全带。 （2）6级以上大风、大雨等恶劣天气施工。 （3）违规拆除临边安全防护设施	（1）高空临边作业必须系挂安全带。 （2）沿建筑物边缘设置两道安全绳，使用8号以上钢丝绳，端头固定在建筑物上并用绳卡固定。 （3）板块吊装时必须设置缆风绳和牵引绳。 （4）恶劣天气禁止施工。 （5）因影响施工需要拆除安全防护设施，需提前申请，施工完毕后及时恢复	 单元板块安装
8	擦窗机安装及使用	（1）安装擦窗机时违反塔式起重机的操作规程。 （2）擦窗机使用时产生坠落风险。 （3）场地围封不严密或下方位置有人工作而产生危险。 （4）物料摆放不妥善而产生危险：物料阻塞通道，摆放过高，摆放不稳固等造成施工人员绊倒、受伤	（1）安装擦窗机时塔式起重机应严格按照操作规程进行作业。 （2）擦窗机吊装前做好全部安全措施，安装位置满铺防火安全防坠网、安全绳、配备个人防护用品等。 （3）擦窗机上使用的工具需绑上防坠绳，安排专门负责人监管工人安全带、安全绳的使用。 （4）工作前协商工作范围，施工时派专人负责监管，防止无关人员进入施工范围。 （5）施工前做好物料摆放工作，选择适当稳固的地方摆放物料，不可摆放过高	 擦窗机作业

（七）垂直运输工程施工

序号	风险点	风险分析	管控措施	相关图例
1	塔式起重机的安装	（1）塔式起重机的安装未按照方案施工,未进行交底,基础未进行验收。 （2）未办理告知及监督手续。 （3）专职安全生产管理人员未在现场监督旁站,专业技术人员未巡视检查。 （4）作业人员无证操作。 （5）作业人员未佩戴劳动防护用品、安全带,未注意立体交叉作业。 （6）配合安装的起重机械设备进场时未验收	（1）塔式起重机安装前必须向相关政府部门备案申报,及时办理告知及监督手续,严格按照方案施工,对所有管理作业人员进行交底。 （2）塔式起重机的附墙、顶升加节必须由取得相应资质的专业队伍进行,并应有专业技术人员和专职安全生产管理人员在场进行监督和监护。 （3）工作前应检查电气的完好性、液压系统是否正常、液压油是否能满足要求、液压油管的完好性、液压工作压力是否正常。 （4）工作前应检查顶升机构的钢结构的焊缝、连接螺栓、轴销的完好性,检查钢丝绳及导架、导轮的机械性能。 （5）作业人员正确佩戴劳动防护用品,禁止立体交叉作业。 （6）对所有进场配合安装的起重机械、小型机具进行验收管理。 （7）工作时设立警戒区,专人监护	 塔式起重机标准节安装

表(续)

序号	风险点	风险分析	管控措施	相关图例
2	塔式起重机的顶升	(1)顶升前准备措施未落实,未办理相关手续。 (2)操作人员未落实交底及证件查验。 (3)作业区域未采取警戒隔离措施。 (4)顶升过程中违规操作	(1)顶升前应落实各项准备措施,并办理相关手续。 (2)塔式起重机顶升前对所有作业人员进行交底,对人员资格及劳动防护用品穿戴情况进行确认,期间专职安全生产管理人员必须旁站监督。作业区域采取警戒隔离措施。 (3)顶升前应将变幅小车开至平衡处,锁定旋转机构。 (4)顶升前应确保顶升横梁完全进入顶升踏步内,旋转机构与标准节的连接螺栓拆除后,方能开动液压顶升系统将塔式起重机上部与标准节脱离。 (5)顶升过程中应注意液压系统的状况及工作压力。 (6)加节时应将新进入的标准节与原标准节完全连接牢固后,方能继续进行下一步的工作。 (7)顶升或降塔工作结束前应检查各种安全限位和保险装置,顶升后应检测塔式起重机的垂直度	塔式起重机顶升作业
3	附墙作业	(1)安装人员、特种作业人员未取得相应资格,附墙件质量不合格。 (2)附墙未按方案实施。 (3)未设置专用附墙安装平台。 (4)进场的设备、物资未验收	(1)附墙件安装按照方案施工,特种作业人员持证上岗。 (2)塔式起重机的附墙件必须质量合格,出具相关证明材料。 (3)安装期间,应设置安全操作平台。 (4)附着以后,在无风状态下,塔身轴心对支撑面的侧垂直度应在2‰以内。 (5)施工完成须验收合格,进场的设备、物资应验收合格方可使用	塔式起重机附墙件

序号	风险点	风险分析	管控措施	相关图例
4	塔式起重机的使用	(1) 指挥及操作人员无证上岗,指挥信号出现障碍。 (2) 未开展每日设备检查、保养工作。 (3) 操作人员离岗后设备未上锁。 (4) 晚间作业光线不足。 (5) 台风期间未打开塔式起重机自由旋转机构	(1) 作业前应做好交底以及设备和证件的检查,确保特种作业人员均持证上岗。 (2) 上塔式起重机前佩戴安全防护用品,塔式起重机指挥人员信号清晰、畅通。 (3) 塔式起重机司机下班后对设备上锁,放下绳扣,收起钩头。 (4) 司机在信号不清、光线不足的情况下不得进行吊装作业。 (5) 台风期间严格按照规程操作	 作业前交底
5	塔式起重机维保	(1) 维保单位未按照规定日期进行维保。 (2) 维保人员未正确穿戴劳动防护用品。 (3) 故障处理不及时	(1) 严格按照维保计划进行维保。 (2) 维保人员规范使用安全防护用品。 (3) 对设备进行经常性检查和按要求维保,及时解决发现的问题,确保设备正常运行	 塔式起重机维保

表（续）

序号	风险点	风险分析	管控措施	相关图例
6	施工升降机安装、提升	（1）操作人员未落实交底及证件查验。 （2）加节前准备措施未落实。 （3）附墙件未按方案实施。 （4）作业区域未采取警戒隔离措施	（1）加节前应进行交底，并查验操作人员的证件。在完成安装、试车工作后，还要做额定安装载重量状态下的坠落试验，试验符合要求后，才可加高标准节。 （2）加节时应在笼顶操作，运行前按铃示警，验证操作按钮盒上各开关功能的准确性。 （3）变频调速升降机加节时只能以低速挡运行。 （4）拆除上限位碰铁，吊笼运行至靠近导轨架顶部时，改为点动上升，距导轨架带齿条标准节顶端约 300 mm 时停止，只有在吊笼运行停止后才能进行安装作业。此时必须按下笼顶操作按钮盒上的急停按钮，以防误操作。 （5）连接标准节时，必须保证各立柱管对接处的错位阶差不大于 0.5 mm，否则应进行修磨校正。 （6）加节的同时，应按要求进行附墙安装，每加高 10 m 用全站仪分别在平行和垂直于吊笼长度的方向上检查导轨架的垂直度，如发现垂直度超标应及时加以调整。 （7）每次加节完成后必须将安全顶节安装在导轨架最顶端。 （8）每次加节到使用高度后，应及时安装并调整好上限位、极限限位碰铁。 （9）作业区域应采取警戒隔离措施	 施工升降机楼层防护

序号	风险点	风险分析	管控措施	相关图例
7	施工升降机使用	（1）升降机操作人员无证作业或者停机未锁闭设备。 （2）轿厢超员运行。 （3）维保不及时或带病运行	（1）升降机停机期间必须上锁，操作人员必须持证上岗。 （2）轿厢不得超员运行。 （3）设备日常检查正常方可使用，严禁带病运行，定期维保	 施工升降机使用登记牌

（八）电缆线路工程施工

序号	风险点	风险分析	管控措施	相关图例
1	施工准备	（1）地下室、电缆沟照明不足，文明施工条件差。 （2）施工区域临边孔洞防护不到位。 （3）电缆放线架基础不稳，放线机不同步	（1）电缆敷设应有充足的照明，并有防火、防水、通风措施。 （2）塔楼电缆敷设时应做好临边空洞防护措施，防止高空坠落。 （3）电缆放线架应放置牢固平稳，钢轴的强度和长度应与电缆盘重量和宽度相匹配，敷设电缆的机具应检查并调试正常，电缆盘应有可靠的制动措施，每次使用前都应自行对其进行检查	 电缆敷设区域照明充足

表(续)

序号	风险点	风险分析	管控措施	相关图例
2	电缆施工	(1) 施工人员间信息不畅,指令不清晰,未落实现场主要协调人管理。 (2) 施工人员站位不正确,违章用手和脚代替工具。 (3) 作业区域临边孔洞未采取防护措施。 (4) 机械敷设电缆速度过快。	(1) 在带电区域内敷设电缆,应与运行人员取得联系,做好防护措施,应有可靠的安全措施并设监护人。 (2) 架空电缆、竖井作业现场应设置围栏,对外悬挂警示标志。工具材料上下传递所用绳索应牢靠,吊物下方不得有人逗留。 (3) 用机械牵引电缆时,牵引绳的安全系数不得小于3。施工人员不得站在牵引钢丝绳内角侧。机械的牵引力和速度应符合国家规范的要求,机械敷设电缆的速度不宜超 15 m/min。 (4) 用输送机敷设电缆时,所有敷设设备应固定牢固。施工人员应遵守有关操作规程,并站在安全位置,发生故障应停电处理。 (5) 高空桥架宜使用钢质材料,并设置围栏,铺设操作平台。高空敷设电缆时,若无展放通道,应沿桥架搭设专用脚手架,并在桥架下方采取隔离防护措施。若桥架下方有工业管道等设备,应经设备方确认许可。 (6) 用滑轮敷设电缆时,施工人员应站在滑轮前进方向,不得在滑轮滚动时用手搬动滑轮。 (7) 电缆头制作时应加强通风,施工人员宜配备防毒面罩,防止沥青中毒。并且应采取防火措施,易燃物品、化学物品、油类物质应远离热源。	 作业区域安全警示

序号	风险点	风险分析	管控措施	相关图例
2	电缆施工	（5）电缆转弯处无人管理	（8）电缆展放敷设过程中,转弯处应设专人监护。转弯和进洞口前,应放慢牵引速度,调整电缆的展放形态,当发生异常情况时,应立即停止牵引,经处理后方可继续工作。电缆通过孔洞或楼板时,两侧应设监护人,入口处应采取措施防止电缆被卡,不得将手伸入孔中。 （9）架设电缆轴架的地方必须平整坚实,支架必须采用有底盘支架,不得用千斤顶代替。临时搭设的支架必须用两只三脚架架设转轴,电缆轴架应设临时地锚。 （10）电缆垂直敷设时应确保下方无人,防止电缆掉落。机械牵引时切不可生拉硬拽	 高空敷设操作平台
3	电缆桥架施工	（1）高处作业平台未经验收。 （2）电焊机未双线到位。 （3）施工人员违规站在桥架上施工,未系挂安全带。 （4）焊接作业未清理易燃物。 （5）电气室内作业未办理作业许可手续。 （6）使用砂轮机、手磨机未佩戴防护眼镜	（1）高处作业平台、登高车必须经过验收,操作人员经过培训取证后上岗。 （2）严禁将桥架作为施工平台,人员高处作业必须系挂安全带。 （3）电焊作业必须双线到位,配备灭火器、监火人,清理易燃物。 （4）进入已经受电的电气室,按照规定办理作业许可手续。 （5）使用砂轮机、手磨机必须佩戴防护眼镜	 登高作业车使用前举牌验收

（九）临时用电工程施工

序号	风险点	风险分析	管控措施	相关图例
1	临时用电布设	（1）未按照临时用电施工组织设计布设，未进行验收。 （2）电缆架设与埋设不符合要求。 （3）未在供电线路首端、中间、末端分别设置接地系统。 （4）配电箱加装防护棚。 （5）未采用配电梯级漏电保护系统	（1）临时施工用电按照施工组织设计布设，按照 TN-S 接零保护系统布置。对作业人员进行交底，施工完成进行验收。 （2）临时用电与外电保持安全距离，电缆、线路符合设计要求。 （3）施工用具必须严格落实三级配电二级保护制度： ① 配电箱每个回路均设保险开关。 ② 配电箱内元器件均完好。 ③ 配电箱上锁。 ④ 三级箱距二级箱不超过 30 m。 ⑤ 二级箱旁必须配备消防器材。 （4）配电箱加装防护棚，并采用配电梯级漏电保护系统	 标准化电箱防护
2	临时用电使用与维护	（1）电工无证操作，带电作业未办理许可证，未配备监护人员。 （2）电箱未上锁，无证人员进行接线作业。 （3）供电线路拖地使用，绝缘材料破损。 （4）配电箱未加装防护棚	（1）电气系统安装应符合《施工现场临时用电安全技术规范》(JGJ 46—2005)规定，电工持证上岗，原则上禁止带电操作。 （2）严禁无证人员进行电气作业，电箱必须上锁。 （3）日常施工用电缆选择穿管或架设使用，不得拖地。 （4）配电箱按照标准化加装防护棚。 （5）电工每日巡检	 标准化电箱

（十）消防管理

序号	风险点	风险分析	管控措施	相关图例
1	消防布设	（1）未按照永临结合消防设施专项施工方案施工、布置，施工完毕未进行验收。 （2）消防水未根据工程进展及时跟进设置，水源压力、管径不符合要求。 （3）灭火器配置不符合要求。 （4）材料构件不得堵塞、遮挡消防设施。 （5）未设置双向逃生通道	（1）永临结合消防设施按照专项施工方案组织布设，施工完毕进行验收。 （2）楼层升高按照方案同步跟进布置，管径、压力负荷满足相应高度要求。 （3）现场灭火器根据作业面积及工程进展合理配置。 （4）消防器材、设施周围不得存放材料、杂物。 （5）楼层正式楼梯与临时梯笼同步设置，保证双通道运行	 消防水池
2	消防设施使用与维护	（1）消防设施管理不到位。 （2）压力水泵无法正常工作，消防水带配备不足。 （3）水箱储水不足，电气设备老化、失灵。 （4）未定期检查灭火器配置。 （5）易燃、易爆材料大量存放于楼层内或有材料堵塞安全通道。 （6）未对重要设备采取防水泡措施	（1）消防设施安排专人管理，定期巡检试运行。 （2）消防水带配置合理，监管到位，压力水泵设备及时保养。 （3）保证消防水源稳定、充足，电器控制元件加强巡检。 （4）日常对灭火器定期检查。 （5）易燃物、危化品不使用不得进入楼层，并保障安全通道畅通。 （6）对楼层内的电气室、智能设备间等区域做好防水措施	 灭火器箱

三、案例分析

（一）触电事故案例分析

1. 事故经过

经调查,2020 年 11 月 11 日 3 时左右,某建设公司施工现场负责人黄某兵口头安排作业人员于 11 月 12 日起到机场的卫生间安装通风管道。

11 月 13 日 1 时左右,某建设公司水电班组水电工齐某佳、闵某州至施工现场继续安装通风管道。3 时左右,齐某佳、闵某州在安装女卫生间东南角上部通风管道时,南侧墙面通风管口被 2 根上下分布、东西走向的电线管道阻挡,闵某州用电工钳从西侧过线盒处剪断位于上方电线管道内的 4 根电线(原供女卫生间对称两侧马桶上方的槽灯电源线,均未通电)。

3 时 07 分,齐某佳搬来人字形铝合金扶梯,与闵某州走到女卫生间门口过道处。3 时 08 分,齐某佳在地面监护,闵某州站在人字形铝合金扶梯顶部,从上方通风管和消防专用管中间探入上半身至金属桥架处,在未穿戴安全帽、绝缘鞋、绝缘手套的情况下,将剪断的电线从电线管道中拉出,3 时 09 分 53 秒,齐某佳突然发现闵某州双脚离开梯子顶部,身体挂在金属桥架上,立即呼喊闵某州但没有反应。

2. 原因分析

（1）直接原因

作业人员未正确佩戴劳动防护用品,在未采取断电措施的情况下,触碰到金属桥架处裸露且带电的照明电线,导致事故发生。

（2）间接原因

① 建设公司

a. 作业人员违规操作:作业人员违反该建设公司安全操作规程,在未正确佩戴劳动防护用品、未采取断电措施的情况下作业。

b. 管理人员履职不力:现场管理人员在未采取断电措施的情况下组织人员作业,未向水电工提供绝缘手套,未督促作业人员正确佩戴劳动防护用品作业;项目管理人员履职不力,未到现场开展安全检查,现场安全管理混乱;未督促相关人员提供符合国家标准或行业标准的劳动防护用品。

c. 安全生产责任制不落实:未能有效督促从业人员严格执行本单位安全生产规章制度;未能提供符合国家标准或者行业标准

的劳动防护用品,并监督从业人员正确佩戴、使用;未能督促检查本单位的安全生产工作,及时消除生产安全事故隐患。

② 工程咨询监理公司

管理人员履职不力:未及时发现建设公司作业人员违规操作情况;未能有效组织现场巡查并发现事故隐患,事发当日未安排现场监理;施工组织设计(方案)审核流于形式,存在代签情况。

③ 其他问题

机场管理公司对建设公司、工程咨询监理公司的安全生产工作协调管理不力。

3. 事故责任追究

(1) 相关责任单位

建设公司未能有效督促从业人员严格执行本单位安全生产规章制度;未能提供符合国家标准或者行业标准的劳动防护用品,并监督从业人员正确佩戴、使用。

建议上海市应急管理局对该建设公司给予行政处罚。

(2) 相关责任人员

① 闵某州,水电工。未遵守所在建设公司安全操作规程,在未正确佩戴劳动防护用品、未采取断电措施的情况下作业,触碰到金属桥架处裸露且带电的电线,导致事故发生。对事故发生负有责任,鉴于已在事故中死亡,建议不追究责任。

② 黄某兵,现场负责人。在未采取断电措施的情况下组织人员作业,未向水电工提供绝缘手套,未督促作业人员正确佩戴劳动防护用品作业。对事故发生负有管理责任。

③ 施某亮,所在建设公司项目经理,项目安全生产第一责任人。安全生产履职不力,长期未到现场并组织开展安全检查,未安排安全管理人员赴现场履职,导致现场安全管理混乱;对现场管理人员履职不力情况失管;未督促相关人员提供符合国家标准或行业标准的劳动防护用品。对事故发生负有管理责任。

④ 黄某军,法定代表人、董事长、总经理,企业安全生产第一责任人。未完全履行安全生产主要负责人职责,未能督促检查本单位的安全生产工作,及时消除生产安全事故隐患。对事故发生负有领导责任。

⑤ 陈某荣,总监代表。监理工作履职不力。未及时发现该建设公司作业人员违规操作情况;未能有效组织现场巡查并发现事故隐患,事发当日未安排现场监理;施工组织设计(方案)审核流于形式,存在代签情况。

（二）坍塌事故案例分析

1. 事故经过

2018 年 12 月 29 日 8 时 30 分左右，某建设公司（总包单位）项目经理顾某祥在 18-03 地块项目Ⅲb 区域发现现场有 4 名工人在作业后，便要求作业人员到隔壁区域作业后便离开现场。

8 时 51 分，Ⅲb 区域北侧边坡发生坍塌，将劳务派遣公司 2 名进行坑底砖胎模砌筑作业人员和 1 名进行坑底截桩作业的施工人员掩埋，另 1 名坑底截桩作业人员周某治逃出。

2. 事故原因

（1）直接原因

坑内临时边坡挖土作业未按照专项施工方案要求进行分级放坡，实际放坡坡度未达到技术标准要求，当发现存在坍塌风险时采取措施不力，导致事故发生，造成 3 名作业人员死亡。

（2）间接原因

相关单位安全生产主体责任、安全责任制不落实。未教育和督促从业人员严格执行本单位的安全生产规章制度和安全操作规程；相关人员未履行安全生产管理职责，未督促检查本单位安全生产工作，及时消除事故隐患。

3. 事故责任追究

（1）总包单位

① 顾某祥，18-03 地块项目部经理。作为项目部安全生产第一责任人，对项目施工和现场管理不力；对现场挖土作业未按专项施工方案要求的情况放任不管，且继续组织进行下阶段作业；在接到管理人员对事故隐患的报告后，采取应急处置措施不力；当发现危及人身安全的紧急情况，没有立即组织作业人员撤离危险区域。对事故发生负有直接责任。涉嫌刑事犯罪，建议移交司法机关依法追究其刑事责任。

② 童某龙，18-03 地块项目部工程师。技术交底流于形式，对专项施工方案实施情况失管，对事故发生负有管理责任，建议给予记大过处分。

③ 陈某骏，18-03 地块项目部安全员。作为项目专职安全生产管理人员对专项施工方案实施情况现场监督不力，对未按照专项施工方案施工的情况没有要求立即进行整改，未能有效消除现场事故隐患。对事故发生负有管理责任，建议给予记大过处分。

④ 周某吉，第二公司技术科科长。对 18-03 地块项目部技术交底流于形式，挖土作业未按照专项施工方案实施的情况失管。

对事故发生负有管理责任,建议给予记过处分。

⑤ 邢某良,第二公司安全科科长。对 18-03 地块项目部危险性较大的分部分项工程安全管理混乱情况失管。对事故发生负有管理责任,建议给予记过处分。

⑥ 方某倩,第二公司总工程师。对 18-03 地块项目部技术交底流于形式,挖土作业未按照专项施工方案实施的情况失管。对事故发生负有管理责任,建议给予警告处分。

⑦ 瞿某林,第二公司副总经理,分管公司安全工作。对 18-03 地块项目部危险性较大的分部分项工程安全管理混乱情况失管。对事故发生负有管理责任,建议给予记过处分。

⑧ 姚某武,第二公司副总经理,分管公司生产工作。对 18-03 地块项目部挖土作业未按照专项施工方案实施,危险性较大的分部分项工程安全管理混乱情况失管。对事故发生负有管理责任,建议给予记过处分。

⑨ 陆某平,第二公司总经理。对 18-03 地块项目部技术交底流于形式,现场挖土作业未按专项施工方案要求的情况失管,对危险性较大的分部分项工程安全管理混乱情况失察。对事故发生负有领导责任,建议给予记大过处分。

⑩ 邢某华,第二公司党支部书记、副总经理,分管人事工作。对 18-03 地块项目部组织管理机构不健全,未按要求配足人员的情况失管,建议给予记过处分。

⑪ 尤某春,总包单位科研技术部经理。对 18-03 地块项目部技术交底流于形式,挖土作业未按照专项施工方案实施的情况失察。对事故发生负有管理责任,建议给予警告处分。

⑫ 陈某峰,总包单位安全质量部副经理,负责安全生产工作。对 18-03 地块项目部危险性较大的分部分项工程安全管理混乱情况失察。对事故发生负有管理责任,建议给予警告处分。

⑬ 瞿某明,总包单位施工生产部经理。对 18-03 地块项目部挖土作业未按照专项施工方案实施,危险性较大的分部分项工程安全管理混乱情况失察。对事故发生负有管理责任,建议给予警告处分。

⑭ 梅某宝,总包单位总工程师。对 18-03 地块项目部技术交底流于形式,挖土作业未按照专项施工方案实施的情况失察。对事故发生负有领导责任,建议给予警告处分。

⑮ 闵某平,总包单位分管监管副总裁、安委会常务副主任。安全生产责任制度落实不力,对 18-03 地块项目部危险性较大的分部分项工程安全管理混乱情况失察。对事故发生负有领导责任,建议给予警告处分。

⑯ 梅某文,总包单位分管生产副总裁、安委会副主任。对 18-03 地块项目部挖土作业未按照专项施工方案实施,危险性较大的分部分项工程安全管理混乱情况失察。对事故发生负有领导责任,建议给予记过处分。

⑰ 费某忠,总包单位总裁、安委会第一副主任。作为生产经营单位的主要负责人,安全生产责任制度落实不力,督促、检查本单位的安全生产工作不力,未能及时消除事故隐患,对18-03地块项目部未按照施工方案组织施工的情况失察。对事故发生负有主要领导责任,建议给予记过处分。

⑱ 顾某团,总包单位党委书记、董事长、安委会主任。履行安全生产职责不力,对事故发生负有领导责任,建议给予警告处分。

(2)专业分包单位

① 张某堂,专业分包单位18-03地块项目部现场负责人。对挖土作业管理不力,作业前未对作业人员进行有效安全技术交底。在现场不具备两级放坡条件时,仍然实施土方开挖,且临时边坡坡度不符合专项施工方案要求,一坡到底,造成事故隐患,对事故发生负有直接责任。涉嫌刑事犯罪,建议移交司法机关依法追究其刑事责任。

② 董某辉,专业分包单位技术员、安全员。作业前未对作业人员进行有效安全技术交底,对专项施工方案实施情况现场监督不力,对事故发生负有责任。

③ 张某锋,专业分包单位18-03地块项目部副经理。对现场不具备两级放坡条件时,仍然实施土方开挖,且临时边坡坡度不符合专项施工方案要求,一坡到底,造成事故隐患的情况失管,对事故发生负有现场管理责任。

④ 王某丽,专业分包单位18-03地块项目部经理。作为项目安全生产第一责任人,安全生产责任制不落实,对现场不具备两级放坡条件时,仍然实施土方开挖,且临时边坡坡度不符合专项施工方案要求,一坡到底,造成事故隐患的情况失管,对事故发生负有现场管理责任。

⑤ 姚某华,专业分包单位法定代表人、总经理。作为公司安全生产第一责任人,安全责任制不落实。督促、检查本单位的安全生产工作不力,未能及时消除事故隐患,对18-03地块项目部未按照施工方案组织施工的情况失察。对事故发生负有领导责任。

(3)劳务分包单位

① 梁某国,劳务分包单位18-03地块项目部砖瓦工班组长。对已知的安全风险认识不足,未对事故区域暂时不能施工情况采取防范措施;用工不规范,未按要求清退超过合同约定年龄的从业人员,对事故发生负有责任。

② 叶某纹,劳务分包单位18-03地块项目部施工员。对已知的安全风险认识不足,未对事故区域暂时不能施工情况采取防范措施,对事故发生负有责任。

③ 陈某健,劳务分包单位18-03地块项目部安全员。对已知的安全风险认识不足,未对事故区域暂时不能施工情况采取防范措施,对事故发生负有责任。

④ 黄某法,劳务分包单位总经理。作为公司主要负责人,安全责任制不落实,未督促检查本单位安全生产工作,及时消除事故

隐患,对事故发生负有领导责任。

(4)监理单位

① 冯某洋,监理单位 18-03 地块项目部安全监理。对施工单位的安全管理工作监督不到位。当发现施工单位未按照专项施工方案施工时,未按相关规定落实监理职责,仅在口头和微信群要求进行整改,对整改情况监督落实不力,对事故发生负有直接责任。其行为涉嫌刑事犯罪,建议移交司法机关依法追究其刑事责任。

② 汤某锋,监理单位 18-03 地块项目部土建监理。当发现施工单位未按照专项施工方案施工时监督不力,对事故发生负有责任。

③ 戴某东,监理单位 18-03 地块项目部总监理工程师。作为项目总监理工程师,不在工作岗位时未做好工作安排。对施工单位的安全管理工作监理不到位,未能发现并督促施工单位消除事故隐患,对事故发生负有责任。

(三)高处坠落事故案例分析

1. 事故发生经过

2019 年 12 月 24 日 7 时,某门窗经营部安装工代某权和工友李某莲进入某在建小区工地的 5 号楼二单元 803 室安装飘窗玻璃。结束后,准备安装一单元 802 室的飘窗玻璃。7 时 15 分左右,代某权在无任何防护的情况下,从 803 室飘窗外窗台跨越到 802 室飘窗外窗台(水平距离 1.10 m,与地面垂直距离 21.25 m),跨越过程中从 8 楼坠落至室外地面致死亡。《居民死亡医学证明(推断)书》认定代某权因坠落伤致死亡。本起事故造成 1 人死亡,直接经济损失 21 万元。

2. 事故原因

事故调查组收集了相关资料,拍摄现场照片 8 张,对目击证人及相关管理人员制作调查询问笔录 7 份。铝合金门窗安装项目承包方将项目以劳务分包的方式分包给门窗经营部,未核查该门窗经营部的安全生产条件,门窗经营部不具备安全生产条件。

(1)直接原因

代某权安全意识薄弱,在无安全防护措施的情况下,从 803 室飘窗外窗台跨越到 802 室飘窗外窗台过程中发生高处坠落致死亡。

(2)间接原因

① 项目承包方将门窗安装项目发包给不具备安全生产条件的门窗经营部。经查,该门窗经营部为个体工商户,无安全管理制度,无玻璃安装作业的安全操作规程,未制定生产安全事故隐患排查治理制度,不具备《中华人民共和国安全生产法》(以下简称

《安全生产法》）规定的安全生产条件。项目承包方在未经核查的情况下，将门窗安装项目分包给不具备安全生产条件的门窗经营部。

② 安装作业的事故隐患排查治理不到位。项目承包方知晓作业人员在安装玻璃作业过程中存在跨越窗台的行为，存在发生高处坠落事故的安全隐患，但无针对性防范措施。

③ 安装作业现场安全管理不到位。项目承包方明确杭某晶是安全负责人，朱某友是现场负责人。玻璃安装作业时，杭某晶和朱某友均不在现场，作业现场安全管理缺失。

④ 从业人员安全教育培训不到位。项目承包方对从业人员的培训和考核内容中缺少对玻璃安装作业岗位安全知识和防范措施的内容，未能保证从业人员具备必要的安全生产知识；未向从业人员明确告知安装作业场所的危险因素和防范措施，从业人员对作业过程危险性认识不足，安全意识薄弱。

事故调查组认定：本起事故是项目承包方将门窗安装项目分包给不具备安全生产条件的门窗经营部，该门窗经营部安装工代某权冒险作业所致的安全生产责任事故。

3. 事故责任追究

根据以上事故原因分析，依据《安全生产法》和《生产安全事故报告和调查处理条例》，对事故责任的认定及事故责任者的处理建议如下：

（1）责任人员

① 代某权，门窗经营部安装工。在安装高层住宅飘窗玻璃过程中，安全意识淡薄，在安全防护措施不到位的情况下违章作业导致事故发生。代某权是本次事故的直接责任人。鉴于代某权在事故中死亡，建议免于追究责任。

② 徐某铖，项目承包方施工员。未严格履行安全管理职责，未及时提醒作业人员注意作业安全，未发现和消除作业过程中的事故隐患。建议由项目承包方按照公司相关规定予以处理。

③ 杭某晶，项目承包方项目经理。未严格履行职责，对施工人员的工作检查不到位。建议由项目承包方按照公司相关规定予以处理。

④ 朱某友，门窗经营部经营者。朱某友管理的门窗经营部不具备安全生产条件，作业现场安全检查不到位。建议项目承包方取消该门窗经营部的分包资格。

⑤ 刘某山，项目承包方总经理。对生产经营项目的发包管理不严格，将金属门窗专业工程项目发包给不具备安全生产条件的门窗经营部。在门窗安装过程中对门窗经营部疏于安全管理，对项目安全生产工作督促、检查不到位，未及时消除事故隐患。刘

某山对事故的发生负有领导责任。依据《安全生产法》相关规定,建议由市应急管理局对刘某山依法实施行政处罚。

（2）责任单位

项目承包方违反《安全生产法》相关规定,存在安全管理缺失,对事故发生负有责任,建议由市应急管理局对该公司依法实施行政处罚。

（四）火灾事故案例分析

1. 事故经过

2017 年 9 月 17 日开始某建设单位先后安排多家施工单位在某大厦 1 号楼住宿。10 月 14 日,消防设施施工完成后,机电工程公司提示建设单位加压试水,但建设单位未予理睬,楼内消防水箱始终没有注水。

11 月 30 日,位于大厦 38、39 层的售楼处、样板间进入开盘前准备阶段,建设单位安排有关人员进行家具安装摆放和楼内清理保洁。18 时 31 分至 19 时 38 分,负责该项目销售案场日常清理保洁服务工作的环境服务公司保洁员万某萍、隗某保 2 人多次将木板、木条、瓦楞纸、聚苯乙烯泡沫板、珍珠棉等可燃物质放到 38 层消防电梯前室内。根据位于 38 层电梯间监控探头的监控视频显示,22 时 29 分售楼处玻璃门关闭前后,精装修单位员工邵某根,家具公司员工张某照、陈某友等 3 人先后到 38 层消防电梯前室内吸烟。

12 月 1 日 3 时 55 分,38 层消防电梯前室感烟探测器首次报警;3 时 56 分,38 层北楼梯间、南侧走道、楼梯前室,39 层南楼梯间、电梯前室、楼梯前室、南侧走道等部位烟感探测器火警开始报警;3 时 57 分,38 层电梯前室、弱电井,39 层布草间、消防电梯前室、南强电井,顶层南楼梯间等部位烟感探测器火警开始报警;3 时 58 分,38 层南楼梯间烟感探测器火警开始报警;4 时 01 分,37 层弱电井烟感探测器火警开始报警。

2. 事故原因

（1）直接原因

烟蒂等遗留火源引燃该大厦 1 号楼 38 层消防电梯前室内存放的可燃物。

（2）间接原因

建设单位未认真履行建设工程施工管理和消防安全主体责任。区人民政府贯彻落实市委市政府部署要求不到位,对消防安全隐患排查工作督促指导不到位。街道办事处在消防安全大排查工作中存在履职不到位、火灾隐患排查整治不力问题。消防部门对完成设计检查备案项目的后期施工情况失察失管。市建设行政主管部门对未报建备案和无证施工行为失管。市国土房管部门指导、监督区房管局配合街道开展房屋安全管理工作不到位等。

3. 事故责任追究

建设单位总经理林某暾等 17 人被追究司法责任,区政府副区长高某鹏等 16 人被追究党政纪责任。

（五）多塔作业事故案例分析

1. 事故经过

2015 年 12 月 24 日 13 时左右,塔机开始工作,配合地面工人进行吊装作业,此时,工地上作业人员约有 210 人。13 时 20 分左右,1 号塔机司机谢某波在信号工魏某俊的指挥下将一个规格为 1.5 m×1.5 m×1.5 m 装满水的水箱从 6 区吊往 7 区,此时 4 号塔机司机金某波在信号工徐某娥的指挥下从钢筋加工场吊载钢筋顺时针转向 1 号塔机,在回转过程中进入 1 号塔机作业范围,在没得到 4 号塔机指挥人员信号的情况下继续回转,与 1 号塔机发生干涉,在突发外力的作用下,4 号塔机整机向东南方向失稳倾覆,1 号塔机起重臂向下倾斜失稳。4 号塔机司机金某波随倒塌的塔机坠落至地面,同时,倒塌的塔式起重机将地面多名工人砸伤。本起事故共造成 3 人死亡,6 人受伤,其中 4 人重伤,2 人轻伤。

2. 事故原因分析

（1）直接原因

4 号塔机与 1 号塔机在超载状态下发生干涉并处置不当,是造成塔机倾覆的直接原因。两台塔机事故发生时均超过其额定起重力矩作业,经测量计算,1 号塔机和 4 号塔机事故发生时吊物分别超载 15.3% 和 61.6%;同时,4 号塔机基础节主肢存在疲劳性裂纹,塔机平衡重安装顺序错误,导致塔机实际起重力矩低于额定起重力矩;且塔机力矩限制器处于失效状态,不能起到防止塔机超载的作用。在此情况下,4 号塔机司机在作业时没有观察现场情况,在起重臂旋转过程中所吊运的钢筋与正在进行吊运水桶作业中的 1 号塔机发生碰撞,产生了远大于其额定载荷的非正常外力,致使 4 号塔机整机向东南方向失稳倾覆;1 号塔机在非正常外力的作用下基础节西北角主肢、东北角主肢靠近上部连接套部位断裂,塔帽与上转台北侧 2 处连接完全脱离,塔帽连接耳板断裂坠地,起重臂前倾触地,4 号塔机倾覆过程中,起重臂压在 1 号塔机起重臂上。

（2）间接原因

① 劳务分包单位及其项目部安全生产法制观念和安全意识淡薄,安全生产主体责任不落实,安全管理混乱,项目建设中存在着严重的违法违规行为,且在事故发生后故意转移隐瞒了两名事故死亡人员。

② 总承包单位及其项目部安全生产主体责任不落实,项目管理混乱。

③ 塔式起重机安装检测存在漏洞。

④ 监理单位未正确履行监理职责。

⑤ 建设单位未落实安全生产主体责任,导致生产安全事故隐患未能得到有效整改。在未取得建筑工程施工许可证的情况下即开始组织项目施工;对区安全监管机构、监理单位提出及上报的生产安全事故隐患未予以足够重视,未督促施工单位落实整改措施。

⑥ 区城乡建设管理部门工作不扎实,监管不得力。

3. 事故责任追究

(1) 免于追究责任人员

金某波,4 号塔机司机。无证上岗,违章作业,导致事故发生,因其已在事故中死亡,免于追究责任。

(2) 追究刑事责任人员

① 张某山,劳务分包单位项目部经理。未依法履行安全生产管理职责,造成项目部安全生产管理混乱,导致事故发生,且在事故发生后,组织转移隐瞒了两名死亡人员,谎报生产安全事故。因涉嫌刑事犯罪,2015 年 12 月 25 日被市公安局区分局依法刑事拘留,2016 年 1 月 29 日被市公安局区分局取保候审。

② 安某乐,塔式起重机作业班组长。招揽无证作业人员并为其办理了伪造的建筑施工特种作业操作资格证,组织塔式起重机作业,对事故发生负有直接责任。2016 年 2 月 27 日被市公安局区分局依法刑事拘留,2016 年 3 月 11 日被市公安局区分局取保候审。

(六) 起重伤害事故案例分析

1. 事故经过

2021 年 10 月 25 日,施工总承包单位项目技术负责人王某生通知申某拆除 18# 楼施工升降机,申某联系钱某旺安排人员组织拆卸施工。

10 月 26 日 6 时 50 分,钱某旺安排的黄某红、朱某进、钱某布、朱某均 4 人到工程现场拆除 18# 楼施工升降机,因电源问题,4 人未进行拆卸作业,离开工程现场,期间王某生安排在拆卸作业现场拉起警戒线。8 时左右,监理单位总监孙某桥巡查至 18# 楼,未发现施工升降机拆卸施工。

12 时左右,维保人员恢复施工升降机电源后,黄某红、朱某进、钱某布、朱某均 4 人回到工程现场开始拆卸 18# 楼施工升降机。

黄某红至 18# 楼塔式起重机操作室操作塔式起重机配合拆卸,朱某进在 18# 楼南侧地面。钱某布、朱某均通过施工升降机西侧吊笼升至距地面 50 余米高后,爬上吊笼顶,拆除第一道(最高处)附墙架与导轨架标准节连接螺栓,并将第一道附墙架系在 18# 楼塔式起重机索具上,导轨架与第一道附墙架分离。此时,升降机导轨架自第二道附墙架以上悬出部分高度约 15 m。吊笼及导轨架发生摆动,随即向西倾覆,致升降机导轨架从第二道附墙架下数第 4 节标准节处断裂(共 14 节标准节),连同西侧吊笼坠落至地面,钱某布、朱某均随吊笼坠落。

2. 原因分析

(1)直接原因

施工升降机拆卸作业人员未按照施工升降机使用说明书的要求逐节拆除标准节,也未按要求先拆除施工升降机第一道附墙架(最高处)以上的标准节,而是先拆除了第一道附墙架与导轨架的连接螺栓,导致附墙架与导轨架分离。此时,施工升降机上端自第二道附墙架以上悬出高度约 15 m,不符合施工升降机使用说明书"最大高度时最上面一道附墙架以上悬出高度不得超过 7.5 m"的要求,加之只有西侧吊笼处于高位,施工升降机上部荷载超出导轨架的抗倾翻力矩,导致事故的发生。

(2)间接原因

① 施工总承包单位履行施工总承包安全责任不到位,未采取有效措施督促施工升降机拆卸施工单位开展安全技术交底、安排专业技术人员及专职安全管理人员监督检查拆卸施工;拆卸施工时,未按《建筑起重机械安全监督管理规定》安排专职安全管理人员对施工升降机拆卸施工进行监督检查。

② 施工升降机租赁单位违法分包施工升降机安装拆卸施工;施工升降机拆卸施工时未按《建筑起重机械安全监督管理规定》规定安排专业技术人员及专职安全管理人员进行现场监督。

(3)施工升降机拆卸施工单位违反《中华人民共和国建筑法》的规定,同意钱某旺个人以本单位名义承揽施工升降机拆卸施工;施工升降机拆卸施工前未按《建筑起重机械安全监督管理规定》对作业人员进行安全技术交底,拆卸时未安排专业技术人员及专职安全管理人员进行现场监督。

(4)监理单位项目总监孙某桥未认真履行安全监理职责,未及时巡查发现并制止施工升降机拆卸施工现场违章行为。

(5)钱某旺违反《中华人民共和国建筑法》的规定,个人以单位名义承揽施工升降机拆卸施工,未对拆卸施工现场实施安全管理。

3. 事故责任追究

(1)事故责任人及处理建议

① 钱某布,违章拆卸施工升降机,其对事故的发生负有直接责任,鉴于在事故中死亡,建议不予追究。

② 朱某均,违章拆卸施工升降机,其对事故的发生负有直接责任,鉴于在事故中死亡,建议不予追究。

③ 钱某旺,个人以单位名义承揽施工升降机拆卸施工,未对拆卸施工现场实施安全管理。钱某旺对事故的发生负有责任,建议司法机关依法处理。

④ 孙某桥,监理单位项目总监,未认真履行安全监理职责,未及时巡查发现并制止施工升降机拆卸施工现场违章行为。孙某桥对事故的发生负有一定的责任,建议对其处以罚款。

⑤ 王某,施工总承包单位项目负责人,对施工升降机拆卸施工现场未配备专业技术人员及专职安全管理人员负有管理责任,对违章拆卸施工升降机失察。王某对事故的发生负有责任,建议对其处以罚款。

（2）事故责任单位及处理建议

① 施工总承包单位未采取有效措施督促施工升降机拆卸施工单位开展安全技术交底、安排专业技术人员及专职安全管理人员监督检查拆卸施工。施工总承包单位对事故的发生负有责任,建议对其处以罚款。

② 施工升降机租赁单位违法分包施工升降机安装拆卸施工,施工升降机拆卸施工时未安排专业技术人员及专职安全管理人员进行现场监督。施工升降机租赁单位对事故的发生负有责任,建议对其处以罚款。

③ 施工升降机拆卸施工单位同意钱某旺个人以本单位名义承揽施工升降机拆卸施工,施工升降机拆卸施工前未按规定对作业人员进行安全技术交底,拆卸时未安排专业技术人员及专职安全管理人员进行现场监督。施工升降机拆卸施工单位对事故的发生负有责任,建议对其处以罚款。